大人のフィールド図鑑

自分で探せる

美しい石

図鑑&採集ガイド

早稲田大学名誉教授
円城寺 守 著

実業之日本社

目次

第4章 フィールドワークに出かけよう 101

第5章 採集と標本・観察 133

おわりに 154

コラム

⊙ 第4章の地図は、国土地理院の電子地形図に加筆したものである。

紫水晶

紫水晶の中の結晶包有物

蛍石

黒曜岩

縞瑪瑙

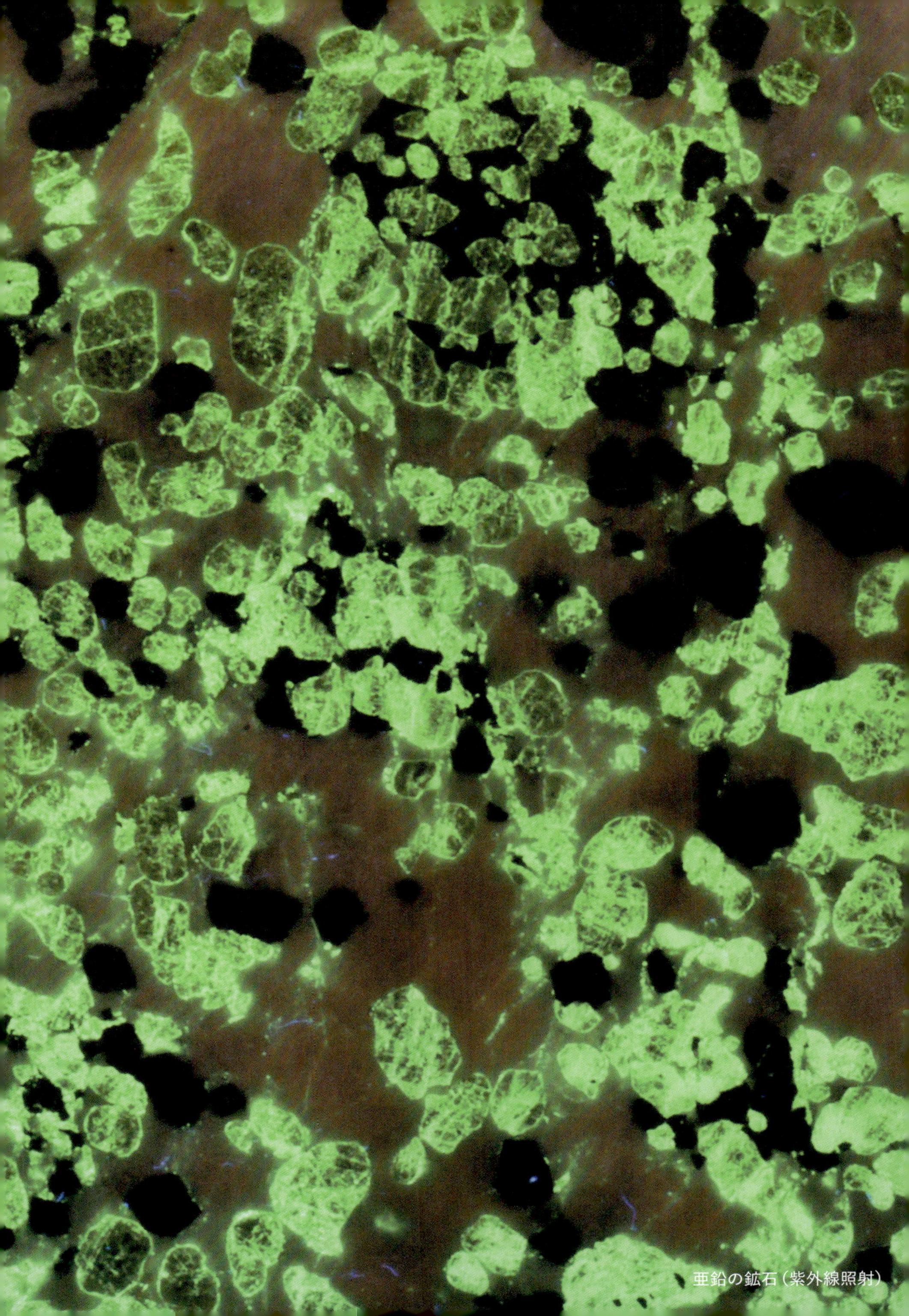
亜鉛の鉱石（紫外線照射）

はじめに

この本では、「石」という言葉を用いました。まずその経緯を述べておきましょう。

地球科学では、「石」という言葉をほとんど使いません。その代わりに「岩石」という言葉を使います。しかし一般には、岩石よりも石のほうがよく使われているようです。一部では、鉱物の代わりに石と使ったり、岩石なのに石と表現したり、岩石でないのに石と呼んだり、かなりの混乱が見られます。

それもそのはず、これらの言葉は科学的に定義されるよりずっと以前から、歴史や生活の中で使われてきた経緯があるからです。「石」を扱う場面や状況、分野や業界によって、さまざまな使われ方をしてきたわけです。それはそのまま、石と私たちの密接な関係を示しているともいえるでしょう。

ある辞書では、「石」は次のように説明されています。

❶岩より小さく、砂より大きい鉱物質のかたまり。
❷岩石・鉱石の俗称。また石材の意にも用いる。
❸宝石、または特定の鉱物加工品。（後略）

また、「岩石」と「鉱物」は次のように説明されています。

岩石：岩や石。地殻やマントルを構成する物質。通常、数種の鉱物の集合体で、ガラス質物質を含むこともある。（後略）

鉱物：地球（地殻・マントル・内核）・月・火星・隕石などを構成する天然の均質な無機物。多くは、固体で一定の原子配列を有し、一定の化学組成をもつ。（後略）

普通、「天然」には、人間が関与する事象は含まれません。この定義にしたがえば、人工結晶は無論のこと、温泉のパイプに付着する結晶などは「鉱物」には含まれないことになります。降ってくる雪の結晶の核には工場の煤煙なども含まれていますが、これらは鉱物といえるのでしょうか？

この辞書には、人工鉱物や（合成・育成）鉱物という用語も挙げられていません（他の辞書で、項目に挙げられているものもあります）。

天然産にこだわらず、「固体で一定の原子配列を有し、一定の化学組成をもつ無機物質」としておき、天然鉱物も人工鉱物もある、としたほうがスッキリすると筆者は考えていますが……いくつかの矛盾には目をつぶって、これからの話を進めていきましょう。

⦿『広辞苑（第7版）』（2018年刊）より引用

第1章

岩石・鉱物とは

万物の誕生。
それは、138億年前の「ビッグバン」に始まります。
このビッグバンは、さまざまな元素ができるきっかけとなりました。
元素はしだいに寄り集まり、やがて太陽系をつくり出します。
その活動の中で塵が生まれ、できあがったのが地球です。
マグマの海だった地球の表面はやがて冷え、
雲ができ、雨が降り、陸地ができあがります。
岩石や鉱物を見ることができるまでには、
このような長い時間と活動を経ています。
さあ、岩石・鉱物の世界をのぞいてみましょう。

すべての物質のもとになる元素

元素の誕生

宇宙の始まり、ビッグバン。それとともに物質が誕生しました。ビッグバンが起こった直後(0.0001秒後といわれています)、陽子と中性子、電子といった物質のおおもとになるものが生まれ、それが結びついて「元素」が誕生しました。元素はあらゆる物質のもとになっています。人間も元素でできていますし、岩石や鉱物もそうです。

はじめに水素やヘリウムのような単純なつくりの元素が生まれ、それがどんどん集まり、集合することで温度が上がりました(中心温度は1万℃を超すといいます)。その高い温度によって核融合反応❖が起き、恒星が誕生しました。恒星とは光を出す天体で太陽などのことです。

さらに、恒星の内部の温度が高くなるにしたがって核融合が進み、しだいに複雑なつくりの元素が合成されるようになります。例えば、水素からヘリウムが、ヘリウムから炭素が、炭素とヘリウムから酸素が、といった具合にです。炭素からはネオンやマグネシウムが、そして、珪素や燐が、また、硫黄・アルゴン・カルシウム・チタン・クロム・鉄という、さまざまな元素ができていったのです。

元素は、均等に存在しているわけではありません。宇宙や太陽系にあるさまざまな元素には、多いものもあり、少ないものもあり、安定したものもあれば、壊れやすいものもあります。元素は偏って存在しているのです。この「偏り」のために、元素をもとにつくられているすべての物質(もちろん岩石や鉱物も含まれます)の量も偏っているのです。

❖核融合反応……軽い原子核どうしがくっつくことで、重い原子核に変わること。

1.
ビッグバンの直後、
陽子、中性子、電
子が誕生

2.
水素、ヘリウムが誕生

3.
水素が集まり
恒星が誕生

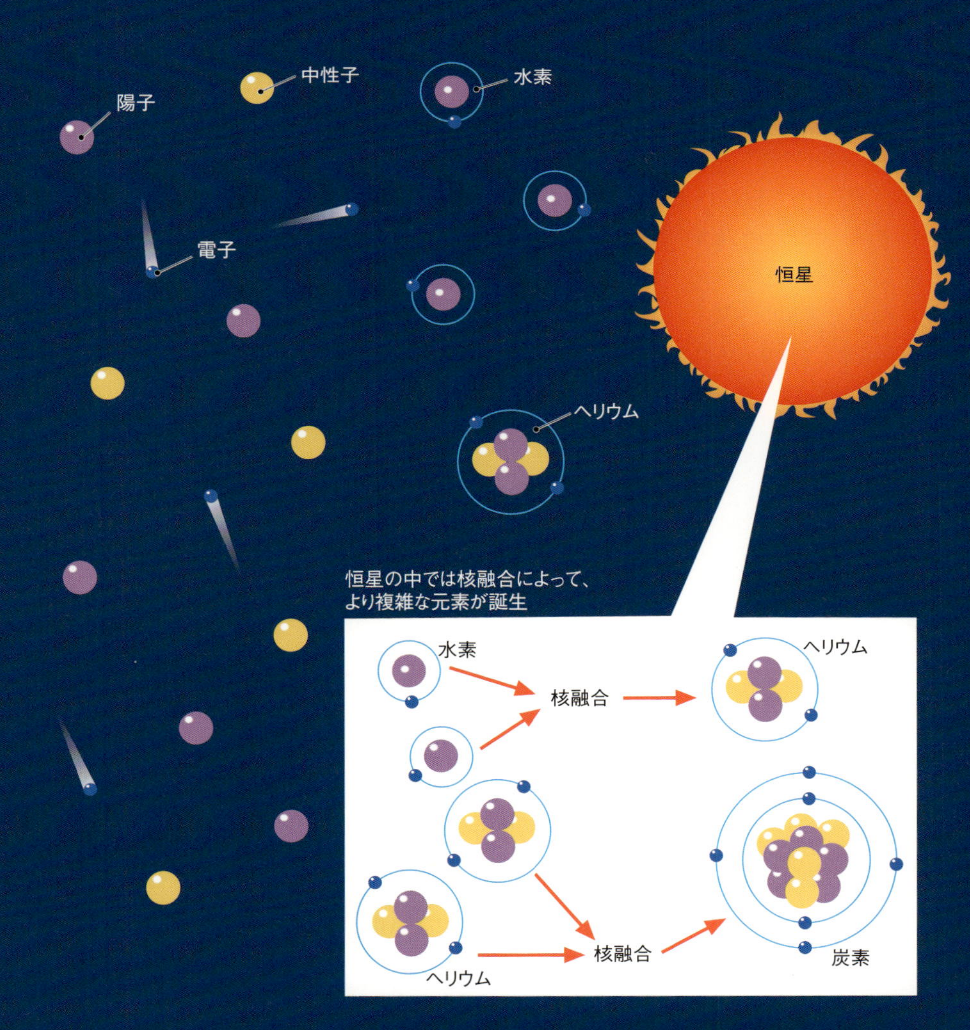

元素と化合物

現在、地球上では91種類の天然元素が知られています。元素には単純なものもあれば、複雑なものもあります。また、元素を原子番号という陽子の数の順に並べていくと、似たような化学的性質をもつ元素が周期的に登場します。右の表を周期表といい、縦の列(族)の元素が似た性質をもっています。

物質はこれらの元素からできていますが、1つの元素でできている物質「単体」もあれば、元素が組み合わさってできる「化合物」もあります。単体の化合物のうち、無機化合物(炭素以外の元素で構成される化合物)の多くは、単純な組み合わせでできた固体で、1～5種類程度の元素が規則正しく配列した「結晶」であり、その状態を「結晶質」といいます。

この単純な組み合わせのものから、ある元素がほかの元素と置き換わったり、抜けたり、無理に入ったりしていることにより、化合物は変化に富んだものとなっています。

コラム

迷子石

どうしてそこにあるのかわからない、というのが「迷子石」です。これは日本だけのことではなく、地球規模の話です。堆積岩の中に、全く異質の火成岩や変成岩が含まれているというのがその例です。

比較的最近になって、氷床から離れた氷山が運んだものらしいということが推定されました。その性質や分布を調査した結果、過去に地球全体が氷に覆われていたという考え(スノーボールアース説)に結びつく、根拠の1つとされています。

- 常温での状態（気体・液体 以外は固体）
- 原子番号
- 元素記号
- 元素名
- 原子量

6	7	8	9	10	11	12	13	14	15	16	17	18	族／周期
												2 He ヘリウム 4.003	1
							5 B 硼素 10.81	6 C 炭素 12.01	7 N 窒素 14.01	8 O 酸素 16.00	9 F 弗素 19.00	10 Ne ネオン 20.18	2
							13 Al アルミニウム 26.98	14 Si 珪素 28.09	15 P 燐 30.97	16 S 硫黄 32.07	17 Cl 塩素 35.45	18 Ar アルゴン 39.95	3
24 Cr ロム 2.00	25 Mn マンガン 54.94	26 Fe 鉄 55.85	27 Co コバルト 58.93	28 Ni ニッケル 58.69	29 Cu 銅 63.55	30 Zn 亜鉛 65.41	31 Ga ガリウム 69.72	32 Ge ゲルマニウム 72.64	33 As 砒素 74.92	34 Se セレン 78.96	35 Br 臭素 79.90	36 Kr クリプトン 83.80	4
42 Mo リブデン 5.94	43 ※Tc テクネチウム (99)	44 Ru ルテニウム 101.1	45 Rh ロジウム 102.9	46 Pd パラジウム 106.4	47 Ag 銀 107.9	48 Cd カドミウム 112.4	49 In インジウム 114.8	50 Sn 錫 118.7	51 Sb アンチモン 121.8	52 Te テルル 127.6	53 I 沃素 126.9	54 Xe キセノン 131.3	5
74 W ングステン 83.8	75 Re レニウム 186.2	76 Os オスミウム 190.2	77 Ir イリジウム 192.2	78 Pt 白金 195.1	79 Au 金 197.0	80 Hg 水銀 200.6	81 Tl タリウム 204.4	82 Pb 鉛 207.2	83 Bi ビスマス 209.0	84 Po ポロニウム (210)	85 ※At アスタチン (210)	86 Rn ラドン (222)	6
106 Sg ーボーギウム 271)	107 ※Bh ボーリウム (272)	108 ※Hs ハッシウム (277)	109 ※Mt マイトネリウム (276)	110 ※Ds ダームスタチウム (281)	111 ※Rg レントゲニウム (280)	112 ※Cn コペルニシウム (285)	113 ※Nh ニホニウム (278)	114 ※Fl フレロビウム (289)	115 ※Mc モスコビウム (289)	116 ※Lv リバモリウム (293)	117 ※Ts テネシン (293)	118 ※Og オガネソン (294)	7
59 Pr ラセジム 40.9	60 Nd ネオジム 144.2	61 ※Pm プロメチウム (145)	62 Sm サマリウム 150.4	63 Eu ユウロピウム 152.0	64 Gd ガドリニウム 157.3	65 Tb テルビウム 158.9	66 Dy ジスプロシウム 162.5	67 Ho ホルミウム 164.9	68 Er エルビウム 167.3	69 Tm ツリウム 168.9	70 Yb イッテルビウム 173.0	71 Lu ルテチウム 175.0	ランタノイド
91 Pa ロトアチニウム 231.0	92 U ウラン 238.0	93 Np ネプツニウム (237)	94 Pu プルトニウム (239)	95 ※Am アメリシウム (243)	96 ※Cm キュリウム (247)	97 ※Bk バークリウム (247)	98 ※Cf カリホルニウム (252)	99 ※Es アインスタイニウム (252)	100 ※Fm フェルミウム (257)	101 ※Md メンデレビウム (258)	102 ※No ノーベリウム (259)	103 ※Lr ローレンシウム (262)	アクチノイド

岩石と鉱物の違い

鉱物とは

14ページで説明したように、元素が集まると化合物ができます。例えば、酸素という元素と、珪素という元素が集まると、酸化珪素という化合物ができます。酸化珪素は、できるときの条件によって、いくつかのタイプに分かれますが、その1つ1つが鉱物です。その中に石英（⇨63ページ）という鉱物があります。石英は、酸素（O）と珪素（Si）の化合物の1つである二酸化珪素（SiO_2）の結晶です。

つまり、鉱物とは元素の集合体（化合物）で、何種類かの元素が集まってつくられています。長石（⇨66ページ）という鉱物は、酸素と珪素・カリウム・アルミニウム・ナトリウム・カルシウムが集まってできていますし、雲母（⇨67ページ）という鉱物は、酸素と珪素・カリウム・アルミニウム・弗素・鉄・水素・マグネシウムが集まってできています。

鉱物にさまざまな種類があるのは、いろいろな元素が集まって、それぞれに違ったでき方をしているからです。これまで明らかになっている鉱物の数は、約4,700種ともいわれています。しかし、一般に私たちが触れることのできる鉱物は50種程度です。

鉱物のでき方

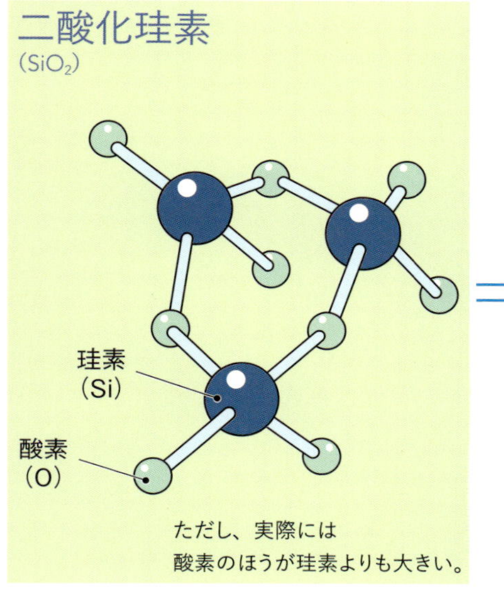

＝

岩石とは

岩石は地球をつくっている基本的な要素の1つです。地球の表面の大部分は岩石でできています。では、この岩石はいったい何からできているのでしょう？

例えば、花崗岩（かこうがん）（⇨46ページ）という岩石を拡大してみると、中に石英と長石と雲母（うんも）の結晶が見えます。実は、岩石をつくっているのは鉱物なのです。岩石はいろいろな鉱物が集まって、結合した集合体です。

岩石はできあがるまでの過程によって、堆積岩（たいせきがん）・変成岩（へんせいがん）・火成岩（かせいがん）の3つの大きな種類に分けられます（⇨30～31ページ）。さらに、それぞれは細かく分けられ、世界には地域の性質や状況を反映した、たくさんの種類の岩石があります。岩石は、さまざまな鉱物の集合体なので、岩石をつくる鉱物の種類や量によって、いろいろな岩石ができあがっています。

岩石のでき方

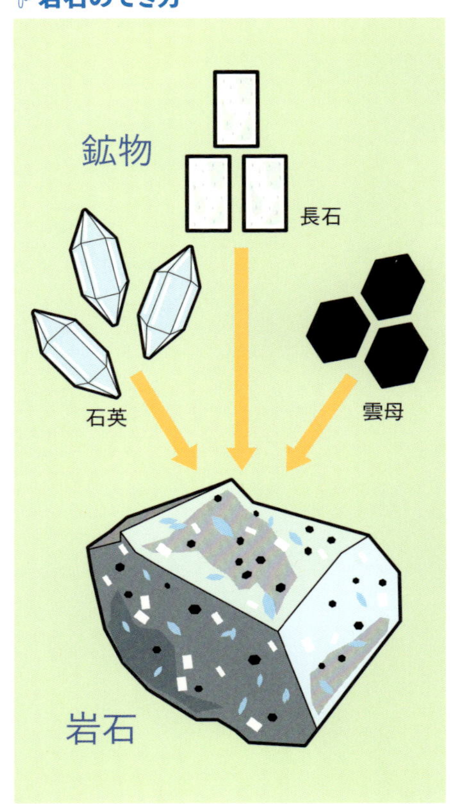

＝

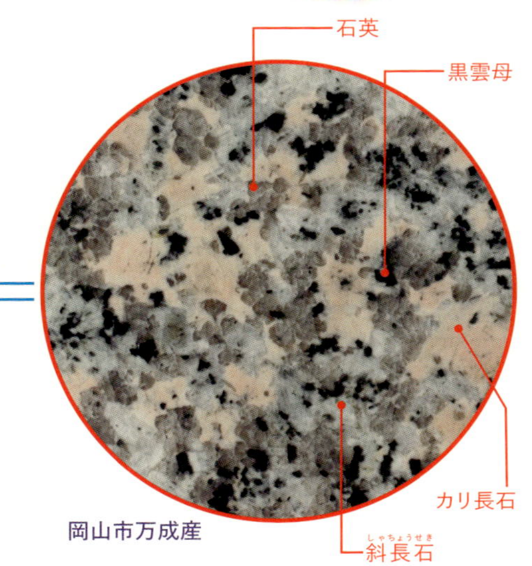

岡山市万成産

岩石・鉱物の例外

鉱物は元素の集合体で、岩石は鉱物の集合体です。長石、雲母のように岩石をつくっている鉱物を造岩鉱物といいます。元素や造岩鉱物が1種類のこともあります。

例えば、ダイヤモンドはほとんど炭素だけからできている元素鉱物です。また、自然銅もほとんどが銅だけからできている元素鉱物です。

「ほとんど」と述べたのは、自然に産する鉱物は、わずかな量の不純物（ほかの元素）を含むことが多いためです。

同じように、岩石の中にも1種類だけの鉱物からできているものがあります。建築や彫刻に使われる石灰岩（⇨37ページ）などが、これにあたります。

1つの元素でできている鉱物

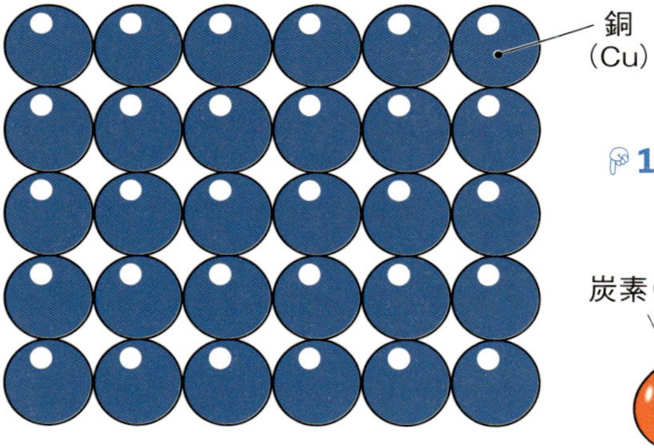

銅
（Cu）

自然銅

1つの鉱物でできている岩石

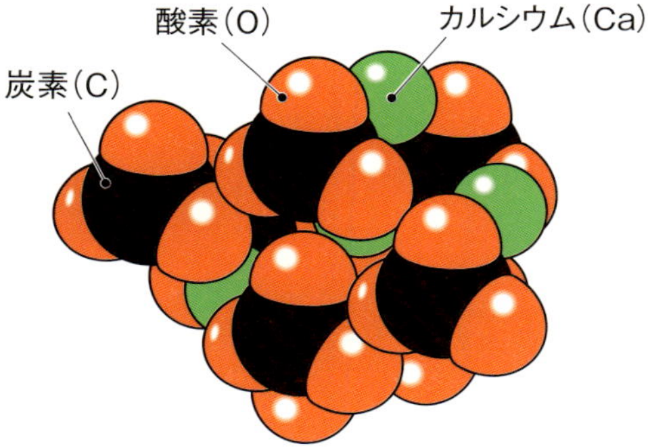

酸素（O）
カルシウム（Ca）
炭素（C）

炭酸カルシウム（$CaCO_3$）

石灰岩

コラム

大阪城の石

現在の大阪城の石垣は、全て花崗岩からできています。大阪城の周辺近くには生駒・芦屋・西宮といった石材の産地がありました。また、瀬戸内海を中心に航路が確立したことで、「石吊船」と呼ばれる運搬船で小豆島・犬島・大津島あたりから巨石を海上輸送できたのでしょう。

石垣に使われている花崗岩塊の大きさには圧倒されます。表から見た大きさしかわかりませんが、例えば「蛸石(たこいし)」として知られている犬島産の岩石は、横11.7m、高さ5.5mと、まさに圧巻です。エジプトのピラミッドの石1つの大きさ(高さ)は50～150cmといわれているので、まさしく桁違いの巨岩ということになります。

また、「切り込み接ぎ」といわれる精緻な石組み技法にも圧倒されます。「野面積み」、「打ち込み接ぎ」などの石垣の組み方は、諸外国でも発達した一種の石垣文明です。日本にはさまざまな時代の石垣がたくさん残されています。石組みの岩石の種類や産地、方法から、石に関心をもつのも面白いことでしょう。

「残念石」とは、大阪城の石垣材料に選ばれながら、石垣になれなかった岩石のことです。運搬の途中に落ちてしまったり、なんらかの理由で運ばれなかったり、大阪に運ばれても大阪城まで届かなかったりした岩石を、研究者たちはそう呼んでいます。実はこの残念石、大阪のあちこちで見かけられます。石に残る大名の家紋やくさびの跡で出所を見分けることができるといわれています。

ちなみに、小豆島東海岸の岩谷地区には5つの丁場跡があり、福岡藩黒田家が採石にあたったそうです。一帯には1600個あまりの種石が残るといい、中でも天狗岩丁場は島内最大のもので、石切丁場としては唯一の国指定史跡となっています。

大阪城の蛸石

地球の構造と岩石・鉱物

地球内部の構造

地球の構造は、よくゆで卵に例えられます。地球の一部を切りとった図を見てみましょう。外側から内側に向かって地殻(ちかく)・マントル・外核(がいかく)・内核(ないかく)に分けられています。地球の内部がこのような構造になっていることは、地震の波が伝わる性質や速度などによって、かなり昔から知られていました。この本に出てくる岩石と鉱物は、地殻の部分にあります。地殻は、地球全体から見るととても薄(うす)いのです。

「ゆで卵」と例えましたが、マントルと外核の部分は、固まっていないどろどろとした状態（流動体）になっているので、ゆで卵というよりも、固まりきっていない「温泉卵」に近いといえます。

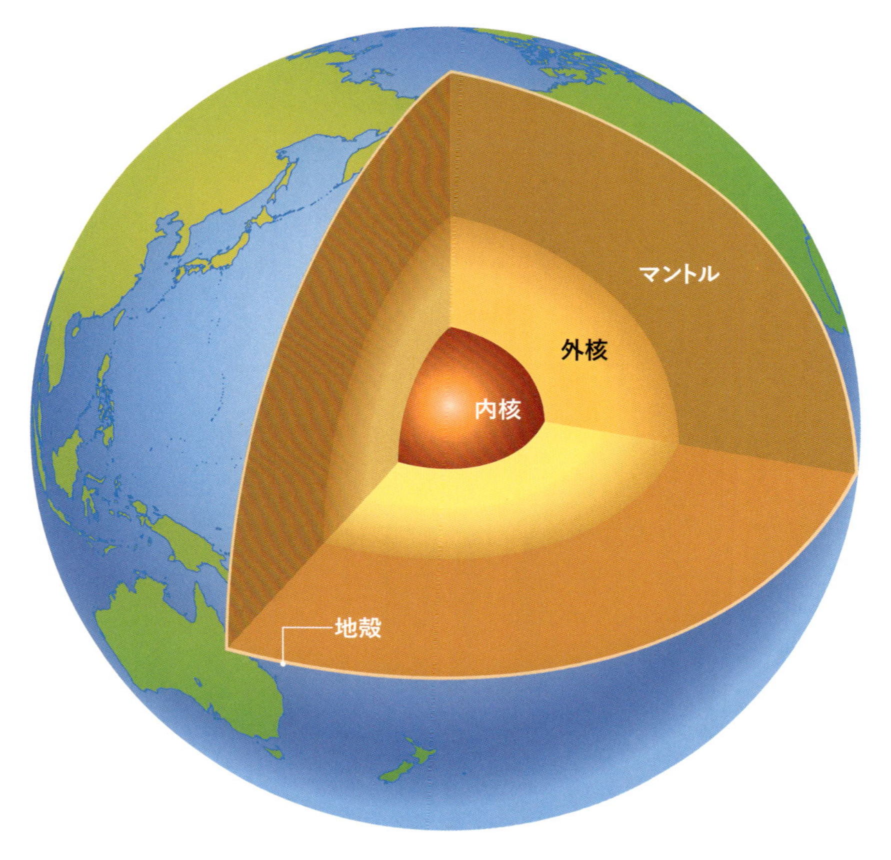

核（内核・外核）

地球の中心から半径約3,500kmをいい、その温度は約6,000°Cあります。体積は地球全体の約15%程度です。核は中心部の内核と、その外側の外核に分けられます。内核は固体の鉄から、外核は液体の鉄からできているといわれています。

地殻

地球の表面にあたり、岩石からできています。地殻の厚さは、地面の地形に対応して変化しているので、場所によって違っています。大陸地域では約30～60km、海洋地域では10km以下といわれています。体積は、地球全体の約2%ほどしかありません。

マントル

体積は、地球全体の約83%にあたり、岩石からできています。マントルの上層部は一部高温であるためやわらかくなっています。マントルには“包む”という意味があり、ここでは核を包んでいるということになります。

水

地球は水惑星といわれます。しかし、地球表層の水を全部集めても、その量は地球全体の体積のたった0.1%程度です。もっとも、最近の研究の結果、マントル内の物質中に海水の5倍にも相当する水が存在することがわかってきました。

コラム

磁鉄鉱を利用したコンパス

今のコンパス（方位磁針）には、人工の永久磁石が使われていますが、大昔は磁鉄鉱（⇨86ページ）が使われていました。磁鉄鉱は磁性をもっていて、磁石にひもを付けてぶら下げたものを近付けると、磁石は磁鉄鉱に引き寄せられます。砂場の砂に含まれる砂鉄の大部分はこの磁鉄鉱です。磁鉄鉱の中には、磁鉄鉱そのものが磁力をもっているものもあります。これは、磁鉄鉱を多く含む岩石に雷が落ちて強い電流が流れたため、磁化されたものと考えられています。磁化とは、磁力をもつようになることで、磁石を鉄に何度もこすりつけたり、電気を流したりすることでおこります。

天然の磁石といえる磁鉄鉱が、南北の方位を示すことは、中国では紀元前から知られていたといいます。中国・漢の時代に、磁鉄鉱を使ってつくられた方位計（羅針盤[コンパス]の原型）は、スプーンの形（中国なので蓮華の形といったほうが正しいですね）をしていて、「司南」と呼ばれていました。台と接するところは、スプーンのように丸みがあるため、うまく回転し、方位を指します。

その後のヨーロッパの大航海時代では、磁鉄鉱から発明された羅針盤を使い、コロンブスらが大海原に旅立ち、活躍しました。

漢の時代に使われていたという司南（模型）

プレートテクトニクス

地殻は動いている

マントル・外核部分が流動体になっていて動くため、地殻は動いていると考えられています。これを、「プレートテクトニクス理論」や「プリュームテクトニクス理論」と呼びます。

地球の表面を覆う地殻は、約20枚のプレートに分かれていて、それが長い時間をかけて移動し、プレート同士がぶつかり合ったり離れたりしています。プレートが衝突して隆起したり、片方が沈み込んだりすることで、大きな山脈ができる造山活動が起こります。また、互いに離れていくすきまを埋めるためにマグマの生成や移動・噴出が起き、火山活動が起こっています。プレートテクトニクス理論では、プレートが動くことでこのようなさまざまな地質現象が起こると考えられています。さらにプレートの移動によって、数億年という長い時間をかけ、地球上にある大陸も移動し、今の姿になったといわれています。大陸移動説です。

このプレートの移動による地殻変動によって、大きな力が働いて、鉱物や岩石が生まれ、変化していくと説明されています。

地球を覆うおもなプレート

矢印はプレートが動く方向を示す

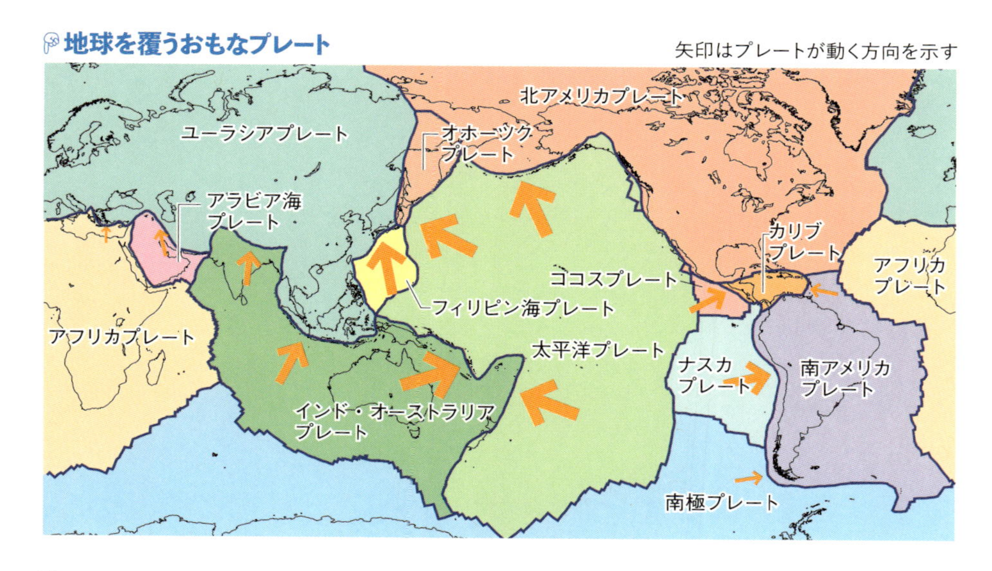

造山活動の過程

「プレート」は地殻と上部マントルの一部からなっています。マントルの運動でプレートが移動すると、別のプレートにぶつかります。日本はユーラシアプレートの淵（ふち）に位置するため、造山活動が起こりやすく、日本の高山はこの作用によってつくられました。

造山活動の過程

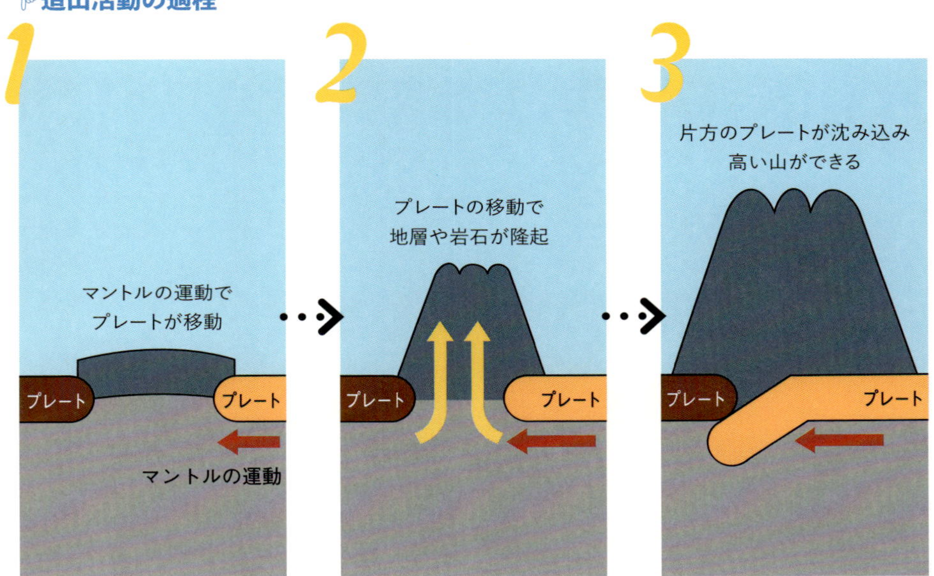

地球を覆うプレートの動き

プレートは移動して、別のプレートとぶつかります。大陸プレートは平均して30～40kmくらいの厚さの岩石から、海洋プレートは10km以下の厚さの岩石からできています。この2つのプレートがぶつかると、重い海洋プレートは大陸プレートの下にもぐり込んでいきます。

大陸プレート同士の衝突

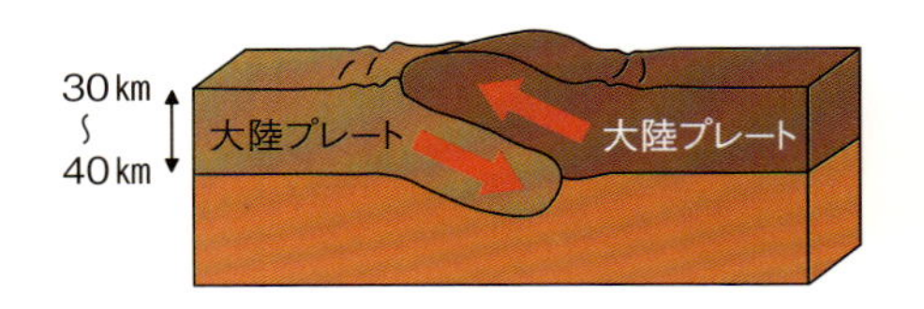

大陸プレートと海洋プレートの衝突

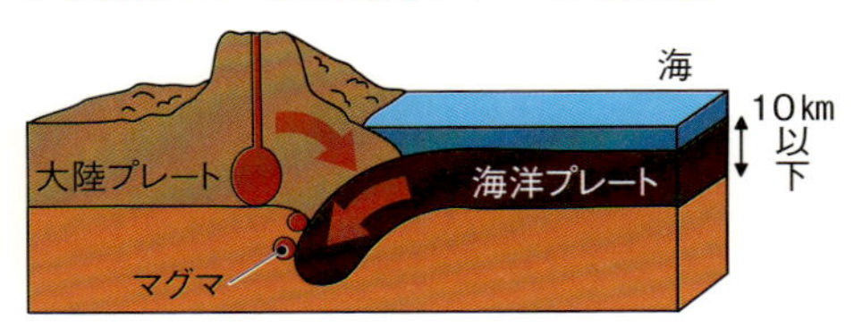

コラム

石材屋さんを訪ねる

あまり環境破壊などのルールを損ねずに、新鮮な岩石（歴史的に見て、花崗岩であることが多い）を手に入れるには、石材屋さんを訪れることです。石材屋さんは、今でも全国の特に銘石を産した付近にはたくさんあり、切断機や研磨機を用いて岩石の加工をしています。石材屋さん訪問のよいところは、石を好きな方々が多く、当然ですが岩石にとても詳しいということです。

花崗岩は、各地で石材として採掘されてきました。したがって、新鮮な（風化してない）花崗岩を観察したり採取したりするには、石材採掘所を訪れるのがベストです。石材屋さんでは、大きな岩塊を切断して研磨したり細工したりしています。たいていは新鮮な岩石のさらに内部を露出させるようにしていますから、岩石の構造がよくわかる石を観察することができます。条件が整えば、端材の山の中に適当な大きさの、場合によっては、片面が綺麗に磨かれた岩片をいただくことができるでしょう。多くの石材屋さんは快く分けてくれます。

あくまでも商品を扱っていますので、仕事の邪魔にならないよう、そして礼を尽くした対応をすることを忘れないでください。たとえハンマーなどの使用を許されたとしても、怪我をしないよう注意してください。敷地の中で迷惑をかけないことが大切です。

石材所では、近在に石材産地があるのが普通ですが、最近では資源の枯渇や環境問題などの影響で、自山を持たないケースや、他所、とくに外国から輸入した岩石を扱っているケースが多くなりました。その岩石が地元のものであるのかないのか、あるいは、どこの産地のものであるのかは特に重要なことです。現地産のものでないのは残念ですが、一方で外国の岩石を容易に観察・入手できるのは、また楽しいことでしょう。

目当ての鉱物を手に入れたければ、
各地で開催されている
「ミネラルショー」もおすすめ

第2章 岩石図鑑

地球の表面、「地殻」を構成する岩石。
この岩石はでき方によって、
堆積岩・変成岩・火成岩の3種類に分類されています。
しかし、これらは全くの別物というわけではありません。
仮の「姿」をしているだけかもしれないのです。
つまり、今見ている岩石が変成岩だったとすると、
それはかつて堆積岩であったでしょうし、
火成岩になる直前であったのかもしれません。
あるいは、火成岩や堆積岩も、
かつては違う種類の岩石だったかもしれないのです。
今ある岩石の名前や分類よりも、
それがどのような生成のヒストリーを経てきたのか、
どのようなことからそれがわかるのか、
そんな視点で、この岩石の多様性を見ていくことにしましょう。

姿を変え続ける岩石

岩石の輪廻

硬い岩石。地殻にあって、変化しないもののように思われますが、実は違います。周囲の環境が変化するのに合わせて、常に変化しています。形や位置を変え、なくなったり生まれ変わったりしながら、長い時間をかけてゆっくりと、姿を変えているのです。

変化のために手助けをするのは、水や風や火です。地下の深いところから、隆起などによって押し上げられてきた地層や岩石は、これらの影響を受けて姿や形を変えていきます。また、地層に作用したさまざまな圧力は、岩石を破壊したり変形させたりします。このようにして、岩石や鉱物はいろいろな形に壊されていくのです。

岩石のでき方について、地上と地下を循環する「岩石輪廻」というとらえ方があります。「輪廻」とは、ものが姿を変えてぐるぐる回るという意味で、英語ではcycle（サイクル）といいますね。

地表に姿を見せた岩石は、どんなものでも、水や風や火などの影響を受けて、その表面から大小さまざまな粒状のものになります。岩石の本体から離れた粒子は、水などによって川から湖や海に運ばれて積み重なり、堆積物になります。

その堆積物が、沈降運動によって、地下深くに埋まったものが堆積岩です。この岩石は、地下に留まっている間に、高い温度と高い圧力（高温高圧）を受けて変成岩となったり、さらに深く埋没して溶けてマグマになったりします。溶けたマグマは地下の深いところで深成岩になったり、地表に噴出して、火山岩になったりします（これら2つを火

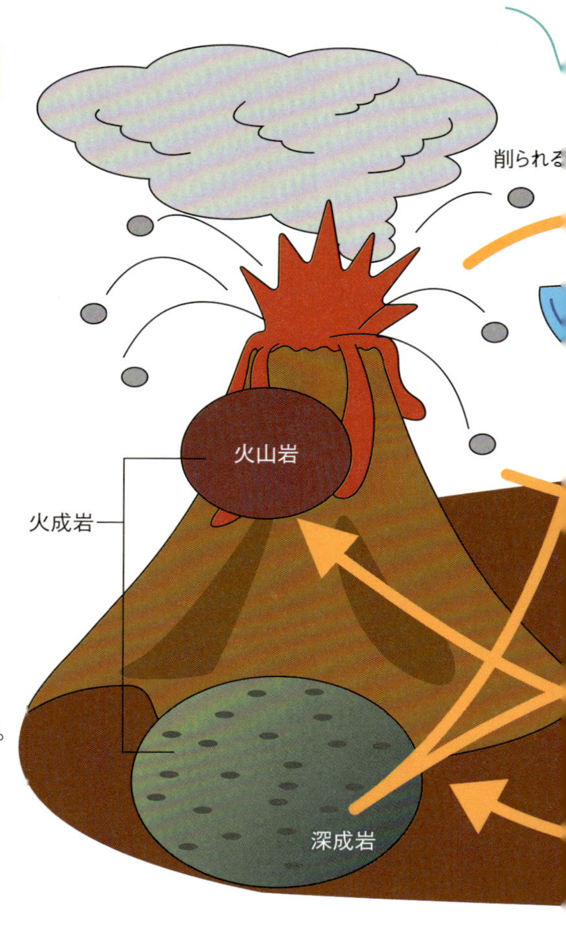

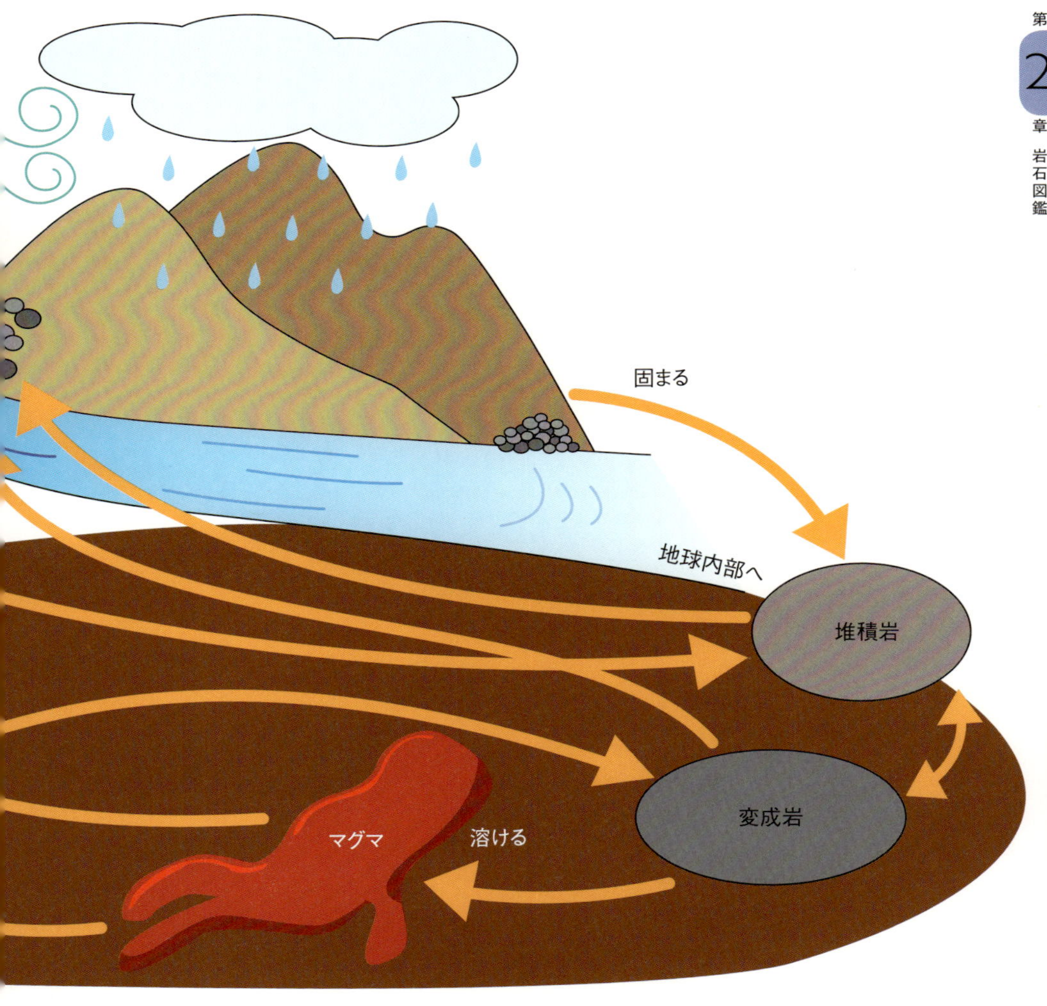

成岩といいます⇨42ページ）。

また、地下にある深成岩が高温高圧を受けて変成岩になったり、それが再び埋没して溶けてマグマになったり、隆起運動によって地表にあらわれたりすることも起きます。このようにして、岩石は、ときに単純な、ときに複雑な輪廻を繰り返していると考えられているのです。

岩石の風化

どんな岩石も、地表近くに出てくるとさまざまな影響を受けて、姿を変えていきます。

雨は降り注いで、岩石に浸透し、やがてそれを溶かしていきます。氷ができるような環境では、岩石の割れ目の中の水が凍る際に、水の体積が増えることで岩石を破壊します。氷河や風は、長い時間をかけて岩石を削っていきます。植物は鉱物の境などに入り込んで、根で石を広げ、壊していきます。また、地震や火山の活動によっても、岩石は崩れて、ぼろぼろになっていきます。こうした変化をまとめて「風化」と呼びます。

このように岩石は崩壊し、だんだんと細かくなっていくのです。

結氷による風化

結氷により水の体積が増えると、
岩石の割れ目が広がり、破壊される
（水が凍ると体積は約10％増える）。

植物による風化

木などが根を張ることで、岩石を砕き、破壊する。

砕屑物

岩石が細かく砕かれてできたものを砕屑物といいます。砕屑物は、岩石の破片や鉱物の粒子（粒）の集合体でできています。砕屑物を構成するものはさまざまですが、これを調べることで、もともとあった場所の地質がわかる場合があります。

砕屑物の中で特徴的なものに、火山砕屑物があります。火山の噴火などによって地表にあらわれる砕屑物です。風化によって大きさが変わったものとは性質が異なるため、別に分類されています。

ただし、自然にあるものの大きさは、連続していて簡単に区切れるものではなく、形も一定ではないので、厳密に分類するのはとても難しいことです。誤差もありますので、それを考慮することが大事です。

砕屑物は、大きさの同じものがそろったり、混じりあったり、ある順番に整ったりしながら、水の中や空気中で積もっていきます。それが重なり、やがて地中深くで固まりながら、再び大きな岩石になっていくのです。

砕屑物の粒の大きさによる分類

<table>
<tr><th>粒の直径（mm）</th><th>粒子の区分</th><th colspan="2">砕屑物（砕屑岩）</th><th>火山砕屑物</th></tr>
<tr><td>256以上</td><td>巨礫</td><td colspan="2" rowspan="4">礫（礫岩）</td><td rowspan="2">火山岩塊</td></tr>
<tr><td>64～256</td><td>大礫</td></tr>
<tr><td>4～64</td><td>中礫</td><td rowspan="2">火山礫</td></tr>
<tr><td>2～4</td><td>細礫</td></tr>
<tr><td>1～2</td><td>極粗粒砂</td><td colspan="2" rowspan="5">砂（砂岩）</td><td rowspan="10">火山灰</td></tr>
<tr><td>1/2（0.5）～1</td><td>粗粒砂</td></tr>
<tr><td>1/4（0.25）～1/2</td><td>中粒砂</td></tr>
<tr><td>1/8（0.125）～1/4</td><td>細粒砂</td></tr>
<tr><td>1/16（0.063）～1/8</td><td>極細粒砂（❖）</td></tr>
<tr><td>1/32（0.032）～1/16</td><td>粗粒シルト</td><td rowspan="5">泥（泥岩）</td><td rowspan="4">シルト（シルト岩）</td></tr>
<tr><td>1/64（0.016）～1/32</td><td>中粒シルト</td></tr>
<tr><td>1/128（0.008）～1/64</td><td>細粒シルト</td></tr>
<tr><td>1/256（0.004）～1/128</td><td>極細粒シルト</td></tr>
<tr><td>0.004以下</td><td>粘土</td><td>粘土（粘土岩）</td></tr>
</table>

❖極細粒砂……「微粒砂」ともいう。

3つの分類

堆積岩・変成岩・火成岩

地殻(ちかく)を構成する岩石には、大きく分けて堆積岩(たいせきがん)・変成岩(へんせいがん)・火成岩(かせいがん)の3つの種類があります。長い年月の中で、岩石が熱によって溶け、それがまた冷えて固まり、圧力によって押しつぶされたり、崩れて小さな粒(つぶ)になったり、また、古い岩石が新たな岩石になったりなど、岩石は、でき方によって分けられています。堆積岩・変成岩・火成岩には、それぞれどのような特徴があるのでしょう。

堆積岩

堆積岩は、おもに岩石が風化・浸食されてできた、さまざまな大きさの砕屑物(さいせつぶつ)が水や風に運ばれ、積み重なって固まった岩石です。そのほか、火山の噴火などによって地表にあらわれた、火山灰や軽石(かるいし)などの火山砕屑物(かざんさいせつぶつ)（火砕物(かさいぶつ)）が、陸上または水中に降り積もって固まったものも、堆積岩に分類されます。

茨城県北茨城市大津海岸（礫岩層(れきがんそう)）

変成岩

変成岩は、もともと地下にあった岩石が、高い圧力や高い温度の影響を受けて変化してできた岩石です。変化するのは岩石に含まれている鉱物の割合や組織などで、大きく広域変成岩(こういきへんせいがん)と接触変成岩(せっしょくへんせいがん)とに分かれます。広域変成岩ができるためには、おもに高い圧力が関係し、接触変成岩ができるためには、おもに高い温度が関係しています。

愛媛県西条市市之川(結晶片岩(けっしょうへんがん))

火成岩

火成岩は、地下でできたマグマが地表近くに上昇し、冷えて固まった岩石です。マグマが地下深くでゆっくりと固まった深成岩と、地表や地殻の浅いところまできて急速に固まった火山岩とに分けられます。その中間でもさまざまな条件が生じ、多種の岩石ができます。

東京都八丈島石積ケ鼻(玄武岩(げんぶがん)溶岩)

堆積岩

堆積岩のでき方

堆積岩は、地表にある岩石が風化・浸食されてできた砕屑物（礫・砂・泥）や火山灰、生物の遺骸などの粒子が、海底・湖底などの水底や地表に堆積し、続成作用❖を受けてできた岩石です。

水底に堆積してできることから、かつては、火成岩に対し「水成岩」と呼ばれていたこともあります。堆積岩は、地球の陸の多くに分布しています。深い海の底などでは、現在も新しい堆積岩ができつつあります。

❖続成作用……堆積物が固結して堆積岩になる作用のこと。

続成作用の例 ❶

堆積したものによって長い間、上から押され続けることで、粒子の間が詰まったり、粒子間の水が抜けたりする「圧密現象」が起きます。

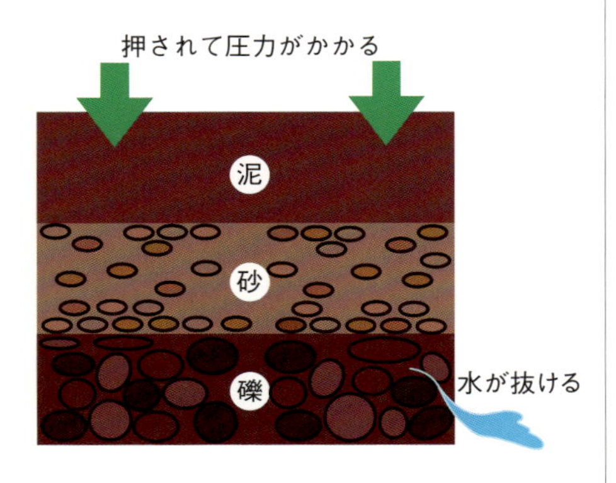

続成作用の例 ❷

地下水中にとけ込んだ炭酸カルシウムや二酸化珪素が、粒子の間やその周辺に結晶をつくり、それぞれの粒子を固めていくことでできます。これを「セメンテーション」といいます。

堆積岩のでき方

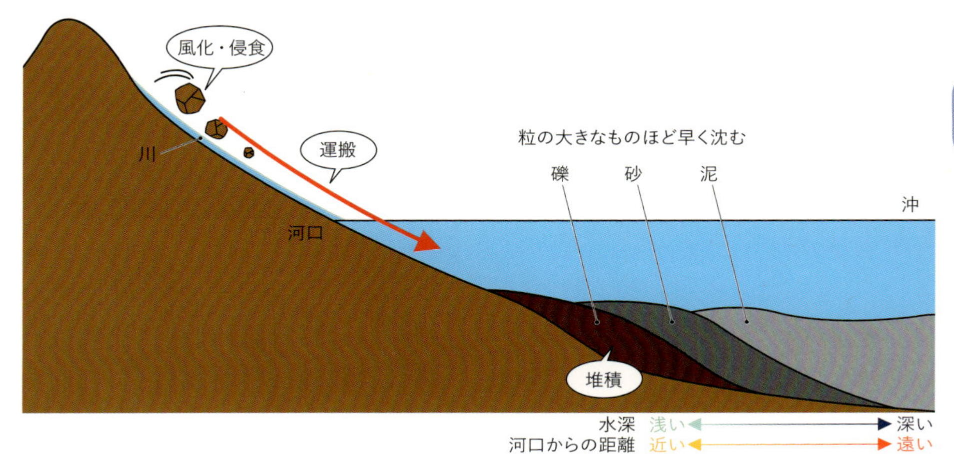

コラム

人類史における初期の岩石

岩石の利用は、人類の生活の歴史でもあります。おそらく、岩石は人類最初の道具であり、武器であったでしょう。岩石を使って貝の殻を割ったり、岩石を削ってつくる矢尻で狩をしたりしていたと考えられています。

その中でも「チャート」と呼ばれる、硬くて光沢のある堆積岩や、「黒曜岩」と呼ばれる火成岩が、石器時代にナイフをつくるための材料として多く利用されていました。さまざまな場所で入手することができ、丈夫な材質が石器に適していたといわれています。

日本でもチャートや黒曜岩からつくられたとみられる石器類が、多くの遺跡から発見されています。

メキシコ産
黒曜岩製鏃

黒曜岩製ナイフ
アメリカ合衆国、Native American 作

堆積岩の特徴

堆積岩は、原則として重力がある場所で積み重なっていくので、下にあるもののほうが先に沈殿しています。地殻変動やマグマの活動などによってさまざまに変化することはありますが、より古いものがより下のほうにあるのが基本のため、地球の歴史を理解するのに好都合です。

堆積岩は、地層になっていることが多く、この点で火成岩や変成岩と区別しやすくなっています。堆積岩の岩石はたいてい、地層に沿って割れやすくなっていて、しばしば化石を含んでいます（結晶質［⇨14ページ］の火成岩からは化石は決して見つかりませんし、変成岩に含まれていることもめったにありません）。

堆積岩は、このように地層を形成しているので、中に含まれる各種の化石から、地層の時代を決めることができます。また、それぞれの層に含まれているものによって形が違うため、その時代がいつなのか、そして、どういう環境にあったかなどを知るいくつもの手がかりを提供してくれているのです。

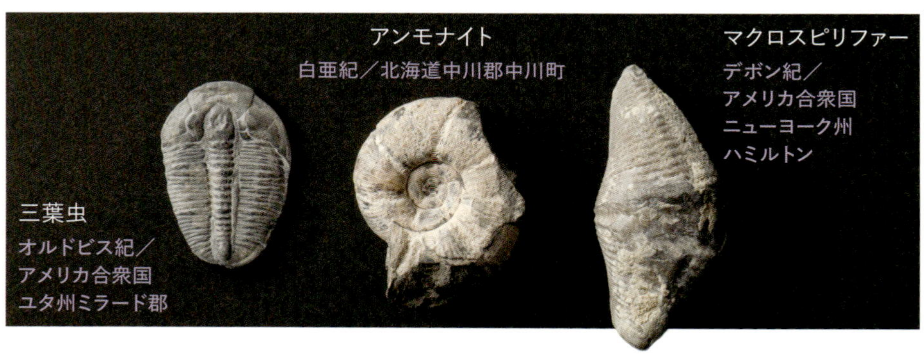

堆積岩と化石

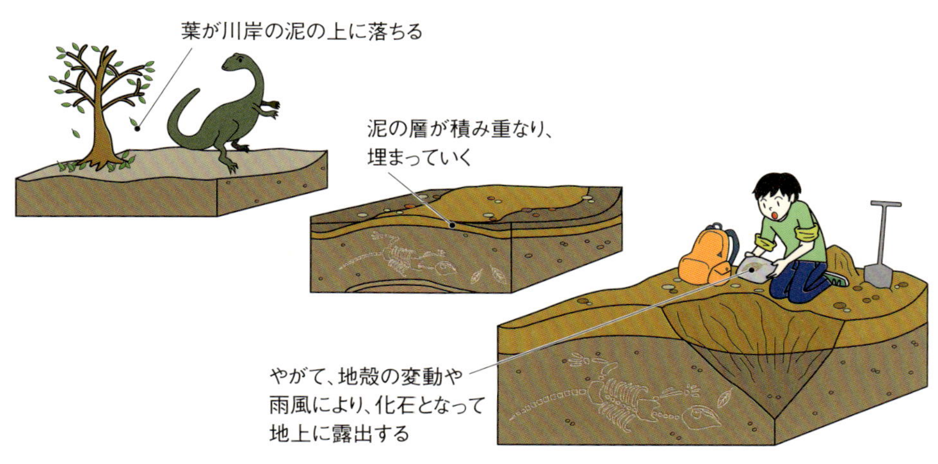

堆積岩の3つの分類

堆積岩は、何が堆積してできたかによって、砕屑性堆積岩・火山砕屑岩（火砕岩）・生物的沈殿岩（生物岩）の3つに分類されます。

砕屑性堆積岩

砕屑性堆積岩は、岩石の砕屑物が堆積して固まったものです。堆積した場所により、陸成砕屑岩と海成砕屑岩に分けられることもあります。砕屑物の大きさによってさらに細かく分類され、おもなものに礫岩・砂岩・泥岩があります。

これらの堆積岩は、必ずしも均質なものばかりではありません。泥岩の中に礫を含むものもあります。これは、海底で大規模な海底地滑りなどが起きたために、泥を含んだ密度の大きい海水の流動が起こり（乱泥流）、泥岩層に礫が混じったためです。砂岩・泥岩が交互に重なった層の多くは、このような乱泥流によって形成されたといわれています。

砕屑物の大きさによる分類

礫岩　粒径2mmより大きい礫が固結した岩石で、「子持ち岩」などと呼ばれることもあります。含まれている礫の形や大きさから、過去に海で起こった現象などを推測することができます。

砂岩　粒径2mmから1/16mmまでの大きさの砂によってできた岩石です。粒子がよくそろい、きめ細かで密なものは、荒い砥石に利用されることもあります。産地によっては、エビやカニのような甲殻類をはじめとした生物の巣穴や、生物がはった跡などの化石（生痕化石）が含まれることがあります。

泥岩　粒径1/16mmよりも小さい泥が固まった岩石です。そのうち、板状にはがれやすいものは「頁岩（シェール）」と呼ばれます。葉理面（❖1）や鉱物の配列面（❖2）が生じていて、割れやすく、魚や木の葉の化石などが含まれていることもあります。より細かい粒子でできているものに、シルト岩、粘土岩などがあります。

❖1 葉理面……地層の中で、肉眼で観察できる層の構造で最小のもの。

❖2 配列面……新しい鉱物がつくられるときには、面が並ぶように生成することが多く、これを断面から見たときの鉱物の配列のこと。

火山砕屑岩（火砕岩）

火山砕屑岩（火砕岩）は、火山灰など火山由来の成分（火山砕屑物）が堆積し固結してできたもので、これもまた、含まれる火山砕屑物の大きさなどによって分類されます。

火山砕屑岩の分類

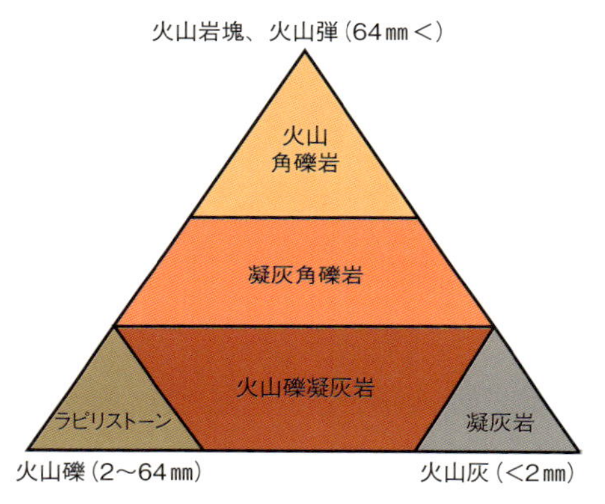

火山角礫岩・集塊岩

64mm より大きい粒径をもつ
火山弾などが固結したものです。
岩手県下閉伊郡鵜ノ巣断崖産

火山礫凝灰岩

粒径 2mm ～64mm の火山礫が
固結したものです。
宮城県気仙沼市高石浜産

凝灰岩

粒径 2mm より小さい火山灰が
凝結したものです。太古の日本海では
大規模な火山活動が起こり、
緑色の凝灰岩を生じています。
栃木県宇都宮市大谷産

生物的沈殿岩(生物岩)

生物的沈殿岩(生物岩)は、植物や動物の骨格・遺骸など、生物由来のものが堆積してできたものです。

石灰岩

炭酸カルシウム($CaCO_3$)を主成分とする
生物の骨格でできたものです。
鍾乳洞は石灰岩が溶解して
内部に空洞が生じたものです。
東京都西多摩郡大久野産

チャート

二酸化珪素(SiO_2)を主成分とする
生物の骨格で、プランクトンや
海綿骨針などの遺骸でできたものです。
埼玉県秩父市浦山産

石炭

樹木や水生植物が地層中に厚く堆積し、
温度や圧力が増していくと、
水などがしだいに抜けていきます。
それによって炭素の割合が増加したものが
石炭です。
北海道釧路市海底炭坑産

蒸発岩

水中に溶けていた成分が、
水の蒸発によって分離し固まったものです。
アメリカ、ユタ州やカリフォルニア州の
塩湖に生成している岩塩層や、
チリのアタカマ砂漠に生成している
石膏層などは、典型的な蒸発岩です。
チリ アタカマ砂漠産

変成岩

変成岩のでき方

変成岩とは、もともとあった堆積岩や火成岩が変成作用を受けてできた岩石のことです。

変成作用とは、それまでと違う高温高圧の条件によって、鉱物の組成や組織が変わる作用のことで、再結晶作用ともいいます（条件が整うと、岩石が溶けてマグマとなります）。風化などの変質作用とは別のものです。

変成岩の原岩は、堆積岩だったり、火成岩だったりします。変成岩がさらに変成作用を受けて別の変成岩になる場合もあります。原岩になった岩石の種類と、受けた変成作用の性質によって、接触変成岩と広域変成岩とに分類されます。変成作用のおもな要因は熱と圧力で、その種類や程度により温度と圧力の条件が異なり、いろいろな変成岩ができます。

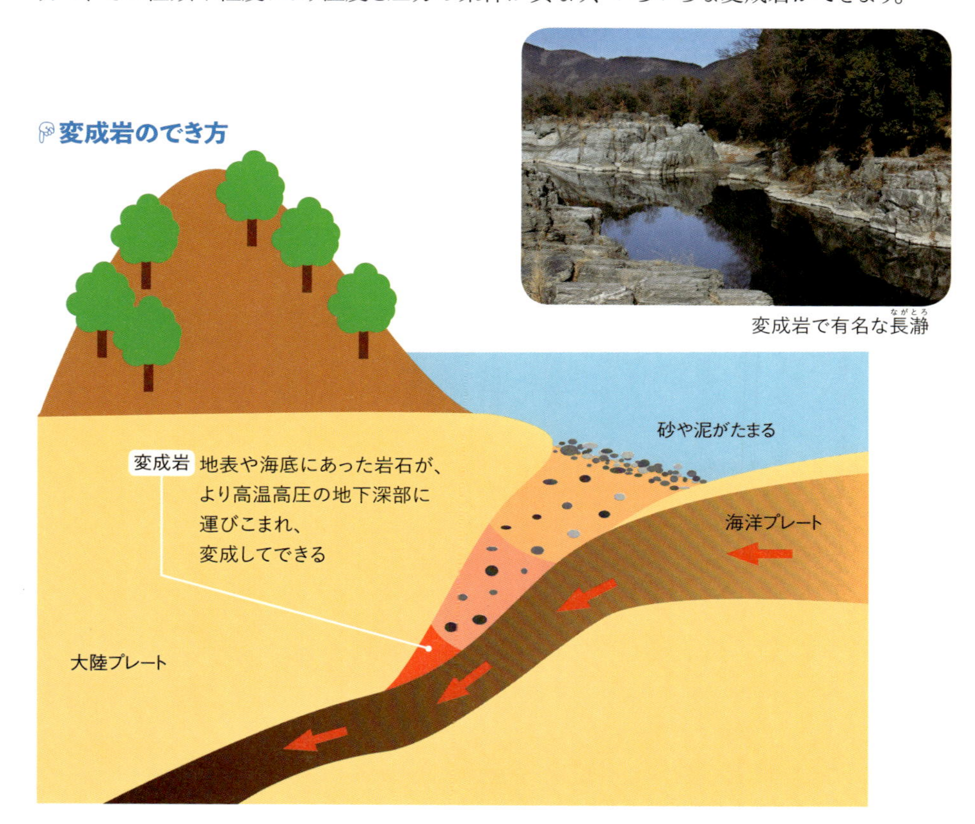

変成岩で有名な長瀞

接触変成岩（熱変成岩）

火成岩が高温の状態で貫入（岩石の中に入り込むこと）すると、その周囲の岩石がマグマからの熱によって変成し、接触変成岩ができます。熱変成岩とも呼ばれ、地殻の比較的浅い部分で起こる現象です。浅い部分で起こるため、かかる圧力は高くありません。それによって、「圧力が低く温度の高い条件下で安定な鉱物」が形成されます。強い変形を受けることも少なく、一般的に方向性のある構造をもちません。

広域変成岩（動力変成岩）

原岩が地下深くの高温高圧のところにさらされて形成される変成岩です。このような条件は、高い山脈ができるような地殻変動のときに起こります。広い範囲で大きな動きがあるために、同じときに一連の変成作用を受けた岩石が1,000km以上に渡って分布することもあります。広域変成岩という名前はここから来ています。

広域変成岩はさまざまな条件下で力を受けることが多いので、岩石の中の鉱物が再結晶するときある方向に並んで成長するなど、方向性のある構造になることが普通です。結晶片岩や片麻岩が特徴的な例です。

広域変成作用は、その温度と圧力（深さ）の条件を両方含めて以下のように分類されます。

①圧力の割に温度の高い高温低圧型

②圧力の割に温度が低い低温高圧型

③その中間の中圧型

低温高圧型の中でも、特に地中深くまで潜った岩石が再び上昇してきたものを超高圧変成岩と呼びます。この中にはコース石やダイヤモンドなどが含まれることが多くあります。温度・圧力の条件を重要視するのは、それが変成作用の起こった場所を知る手がかりになるからです。

接触変成岩と広域変成岩のでき方

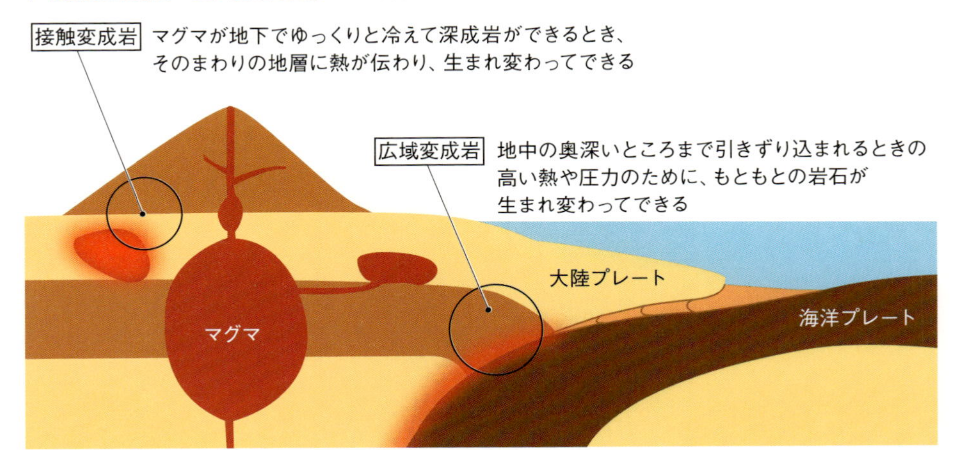

おもな変成岩とその特徴

接触変成岩の例

ホルンフェルス

原岩の砂岩・泥岩・頁岩などの
堆積岩が高温の火成岩体やマグマと接触し、
その熱で堆積岩の構成鉱物が
再結晶したもの。
きめ細かくて硬いことが特徴です。

群馬県勢多郡東村産

晶質石灰岩［大理石］

原岩の石灰岩が火成岩体と接触し、
方解石の集合体を生じたもの。

茨城県太田市真弓山産

珪岩

原岩のチャートが火成岩体と接触し、
石英の集合体を生じたもの。

京都府相楽郡加茂町産

広域変成岩の例

千枚岩

変化の度合いが少ない広域変成岩ですが、
小さく再結晶した鉱物を見ることができます。
薄くはがれやすいところから
千枚岩の名前が付けられています。
光沢がある岩石です。

岡山県川上郡成羽町産

コラム

隕石の衝突でできた変成岩

　接触変成岩と広域変成岩のほかに、衝撃変成岩という変成岩もあります。衝撃変成岩は、隕石の落下などによって、狭いところに非常に高い圧力がかかって生じた変成岩です。

変成帯

広域変成作用は、プレートの境目において起こることが多く(⇨39ページ)、帯状の分布域をもっています。そのような場所を広域変成帯といいます。

日本列島にある山脈は、地殻変動の「造山活動」によって生まれたものです。それらを「造山帯」と呼びます。この造山帯は、結晶片岩の分布する高圧型の変成帯と、片麻岩・花崗岩が分布する低圧型の変成帯が対になって、列島に平行に並んでいます。これらの造山帯の分布状態や性質を手がかりとして、日本列島の成り立ちが議論されています。

日本の代表的な広域変成帯

結晶片岩[片岩]

岩石が地下深くの低温で高圧の条件下におかれると、岩石中の成分は、その環境で安定した鉱物に変化します。この変化によって、岩石中に雲母・緑泥石・石墨などがつくられます。

埼玉県秩父市
親鼻橋産

片麻岩

地下深くで、温度がより高く圧力が低い、高温低圧の状態におかれた岩石が、花崗岩とよく似た鉱物組成の変成岩となったものです。

アメリカ合衆国アリゾナ州
ウィロービーチ産

火成岩

火成岩のでき方

火成岩は、マグマが冷えて固まってできた岩石です。マグマが固まるときにほかの異物を取り込むことがありますが、不純物や異物が入ったものも火成岩と呼びます。

マグマそのものは、地中深くにあるため、誰も見ることはできませんが、火山活動によって地上に噴出した溶岩の姿などから想像することができます（地上にあらわれた溶岩は温度がかなり低くなっているため、マグマとは性質が違います）。溶岩の姿を見ることができる有名な活火山は、ハワイのキラウェア火山などです。

火成岩のでき方は、すべてが振り出しから始まるようなものです。すべてのものが一様に溶けてしまい、そこから不死鳥のように、新しい鉱物があらわれるのです。順番に、規則正しく、宙に浮いた形で、マグマは鉱物を生成します。

火成岩中の鉱物は、マグマ（地下で溶けた岩石）や溶岩（地上に噴出したマグマ）が冷えて固まるときに結晶化したものです。この固まり方の違いで、火成岩は見た目も性質も違ったものになります。

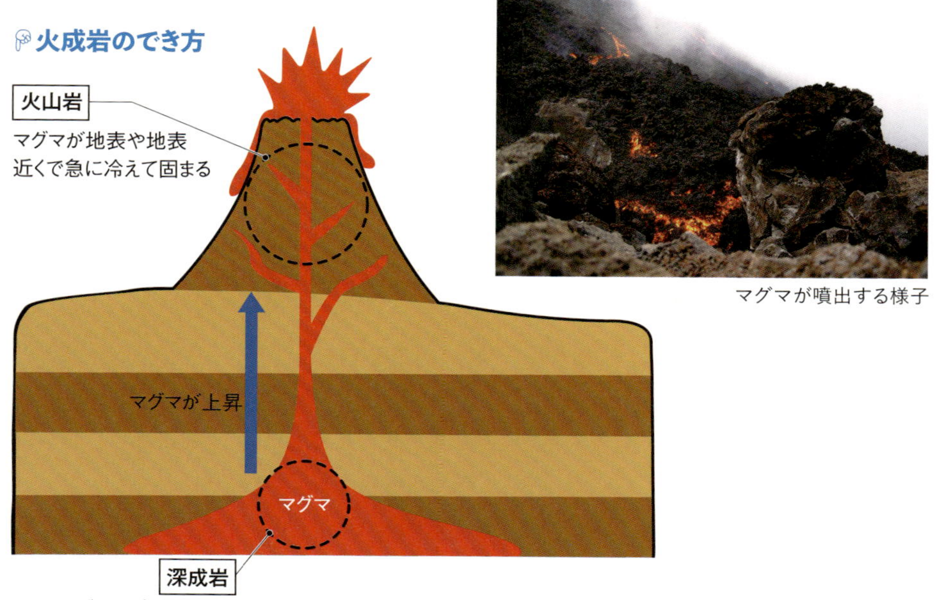

マグマが噴出する様子

火山岩と深成岩

火成岩は大きく分けて、火山岩と深成岩の2つに分類されます。火山岩はマグマが急速に冷えて固まった岩石で、深成岩はマグマがゆっくり冷えて固まった岩石です。以前は火山岩と深成岩の中間として半深成岩という分類もありましたが、現在では使われていません。火山岩と深成岩の分類で重要なのは、冷え固まったスピードで、どこで固まったかは関係しません。

この2つのでき方の違いは、見た目の違いに大きくあらわれます。マグマが急速に冷えて固まると、結晶が成長する余裕がなく、小さな結晶体が集まるか、全く結晶のないガラス状の非結晶質の岩石になります。反対に、ゆっくり冷えて固まると、マグマに含まれている鉱物の結晶は成長して大きくなります。

そのため、急速に固まった火山岩には、斑状組織といって、細かい結晶の集合体（石基）の中に、さまざまな大きさの結晶（斑晶）が散らばっているつくりのものもあります。安山岩や玄武岩などがよく知られています。

一方、深成岩には、マグマがすべて結晶化し、数 cm の大きさに達するものもあります（肉眼で見てもよくわかります）。花崗岩、閃緑岩、斑糲岩などがあります。

火山岩と深成岩のでき方

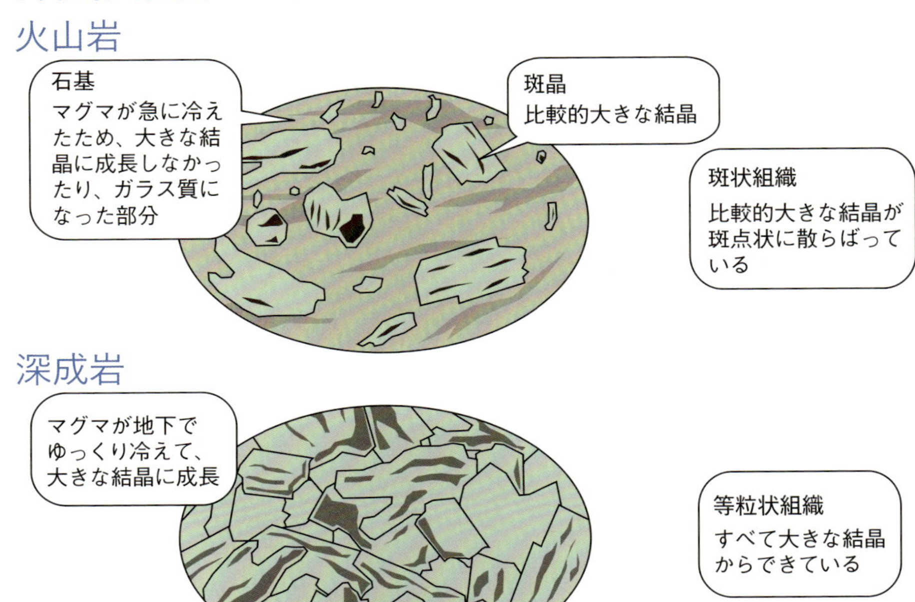

火成岩の分類

火成岩は、含まれる鉱物の量や成分によってもさまざまに分類されます。

有色鉱物の量

火成岩は、含まれる有色鉱物の量によって珪長質岩・中性岩・苦鉄質岩・超苦鉄質岩に分類されます。有色鉱物とは、色が付いている鉱物で、黒雲母・角閃石・輝石・橄欖石などがあります。これらの有色鉱物がたくさん含まれていれば、岩石は黒っぽくなります。

反対に、色が付いていない鉱物が無色鉱物で、石英や長石などがあります。これらは無色または白色をしています。無色鉱物がたくさん含まれていれば、岩石は白っぽくなります。

二酸化珪素の量

火成岩は含まれる二酸化珪素(SiO_2)の量によって酸性岩・中性岩・塩基性岩・超塩基性岩に分類されます(塩基性とはアルカリ性のこと)。鉱物の化学組成は一定なので、その組み合わせによって岩石の成分が変わるということです。

火成岩に含まれる鉱物
(顕微鏡写真)

	珪長質岩	中性岩	苦鉄質岩
火山岩 (斑状組織)	流紋岩 	安山岩 	玄武岩 
深成岩 (等粒状組織)	花崗岩 	閃緑岩 	斑糲岩 
鉱物の割合	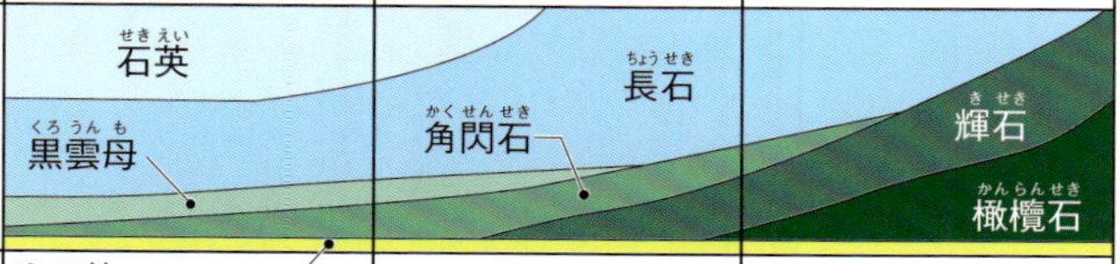 石英 黒雲母 その他	長石 角閃石	輝石 橄欖石
有色鉱物の割合	少ない ←	→	多い
色合い	白っぽい ←	→	黒っぽい

おもな火成岩とその特徴

流紋岩

流紋岩は、白っぽい火山岩です。
ガラス質の部分がしま状になった
組織を見ることができます。

新潟県新発田市赤谷産

安山岩

安山岩は、玄武岩と流紋岩の
中間の色をしている火山岩です。
斑状組織が見られ、細かい結晶の
集合体やガラス質の中に斜長石・
輝石・角閃石・黒雲母などの結晶を
見ることができます。

新潟県長岡市釜沢町産

玄武岩

有色鉱物を含むため、
黒っぽい火山岩です。
造山帯に広く分布し、火山や火山島、
海底の地殻などに多く見られます。
結晶が見られるものから、
全く見られないガラス質の
ものまであります。

東京都八丈島石積ヶ鼻産

軽石

火山岩の一種。軽石は、マグマが急激に冷えて、内部に含まれていたガスが抜けることによって、たくさんの穴ができた岩石です。そのため、水に浮くほど比重（⇨150ページ）が小さくなっています。

鹿児島県鹿児島市東桜島町産

黒曜岩

火山岩のうち流紋岩の一種で、おもに火山ガラスからできています。考古学の世界では黒曜石と呼ばれています。割るとするどい刃先ができることから、石器（⇨33ページ）として矢尻やナイフなどに加工されて使われていました。

北海道湧別川産

花崗岩［御影石］

世界中に広く分布する深成岩です。花崗岩には、無色鉱物が多いので明るく見えます。白色のほか、桃色や赤色を呈するものもあります。風化しやすい特徴があります。石英・長石・黒雲母の結晶を肉眼でもよく見ることができます。

茨城県笠間市稲田産

閃緑岩

花崗岩に比べると、有色鉱物が多く、黒っぽい深成岩です。閃緑岩はおもに斜長石と角閃石からできています。石英を含むものは「石英閃緑岩」と呼んで区別します。

京都府福知山市天座産

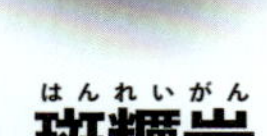

斑糲岩

濃い灰色から黒色をしている深成岩を斑糲岩といいます。火山岩の玄武岩と同じ化学組成をもっています。

福島県石川郡石川町産

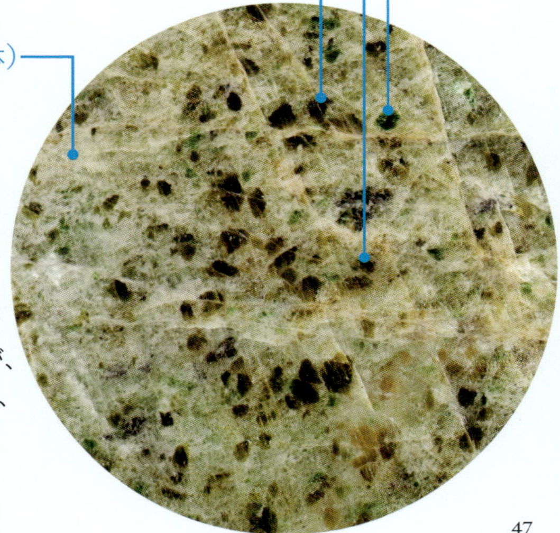

橄欖岩

橄欖岩は、マグネシウムと鉄をとても多く含む超苦鉄質深成岩です。橄欖岩はマントルから上昇する過程で蛇紋岩に変化することが多いのですが、この標本は、ほとんど変質していない、めずらしいものです。

北海道様似郡様似町産

ペグマタイト

ペグマタイトは、大きな鉱物❖が集合した火成岩の一種です。
花崗岩質のものが多いため、日本語では、
「巨晶花崗岩」あるいは「鬼御影」と呼ばれることもあります。
しかし、閃緑岩質や斑糲岩質のものもあります。
普通、花崗岩中や接触変成岩中に、
岩脈状やレンズ状などの小岩体として
産します。

茨城県桜川市真壁町産

❖大きな鉱物……コラムを参照。

茨城県土浦市小高産

マグマが固結するときには、晶出しやすい成分の鉱物から析出が始まり、残ったマグマ自体の成分が変化していきます。これを「結晶分化作用」といって、岩石の多様性の原因の1つです。マグマの温度降下が遅くなったり融点が上昇したりすると、大きな結晶が成長し、また結晶成分の純度が高くなります。

山梨県北杜市須玉町産

温度や圧力の低下によって、マグマの残液内には液体や気体で満たされた空洞が生じることがあります。このような空洞（「晶洞」という）中には、見事な自形の結晶が発達することがあります。この本に紹介してある鉱物の中にも、ペグマタイトから産したものが多く含まれています。ペグマタイトに含まれる鉱物を「ペグマタイト鉱物」ということがあります。あるペグマタイト鉱物の中には、マグマ末期の媒質が包有物として閉じ込められていて、鉱物晶出の環境の指標の1つになっています。

鉱物種としては、花崗岩の主要な造岩鉱物である石英・長石・雲母類のほか、蛍石・黄玉・緑柱石・電気石・柘榴石などがあります。また、結晶分化作用において媒体中に最後まで残った成分や元素が濃集しているため、燐灰ウラン石・モナズ石・コルンブ石・リチア電気石等の希元素鉱物を産することもあります。また、放射性元素の影響によって、石英が煙水晶・黒水晶・紅石英として、また長石が肉色〜桃色を呈していることもあります。

こうした鉱物群を多く含む鉱床を、「ペグマタイト鉱床」といいます。鉱物成分を高い純度で採取できるため、よく鉱床として利用されます。

日本三大ペグマタイトといわれているのは、福島県石川町、岐阜県苗木地方、滋賀県田上山のペグマタイトで、いずれも、珪石・錫・黄玉・稀元素鉱物などを産しました。また、福島県郡山市の鹿島大神宮では、御神体のペグマタイト岩脈が、国の天然記念物に指定されています。

山梨県北杜市須玉町産

コラム

鉱物の大きさ

多くの場合、鉱物の大きさは1つの目安で、多分に比較的なものです。ここで述べた「大きな鉱物」とは、周囲の岩石（母岩の花崗岩）の造岩鉱物に比較して（格段に）大きいもの、と捉えてください。

例えば、「粗粒花崗岩」などとよく表現しますが、もちろん細粒の結晶も混じっているわけで、あくまでも相対的なものです。細粒の花崗岩でも、粗粒の斑晶をもつこともあります。

ペグマタイトでも、小さな規模に分岐したものなどでは、小さな結晶の集合体になっていることもあります。教科書などには、よく人の背丈の数倍もあるようなペグマタイト鉱物が紹介されていることがあります。ペグマタイト自体の大きさもさまざまですが、カナダのケベック州で訪れたあるペグマタイトでは、厚さが百数十mもありました。

ペグマタイトではありませんが、最近メキシコのナイカ鉱山で発見されたある晶洞には、長さ十数mの石膏の単結晶がまさに林立しているといいます。

カナダ・ケベック州のペグマタイト鉱床

隕石

宇宙からやってきた石

隕石は、地球以外の天体のかけらが地上に落下したものです。隕の字は高いところから下に落ちるという意味です。

隕石は、おもに金属鉄（Fe）と珪酸塩鉱物からなっていて、その比率で大きく3つに分類されています。

石鉄隕石

ほぼ同じ量の鉄合金と珪酸塩鉱物からなる隕石です。分化した小天体の内部では核とマントルがはっきりとは分かれておらず、金属鉄と岩石が混在しています。これが石鉄隕石の起源物質であると考えられています。

鉄隕石

おもに金属鉄からなる隕石で、これは分化した天体の金属核からきたものと考えられています。その中の1つ、オクタヘドライトには、とても長い時間をかけて冷却されてできる特徴的な模様があります。金、白金、イリジウムなどの貴金属も含まれています。

鉄隕石（オクタヘドライト）

石質隕石

おもに珪酸塩鉱物からなる隕石です。球粒状の構造のコンドライトと、これがないエイコンドライトに分けられます。コンドライトは未分化の天体、エイコンドライトは分化した天体の地殻だったと考えられています。

隕石と日本

日本で落下が確認された隕石の数はそれほど多くなく、50個ほどです。ただし、南極ではこれまで17,000個近くの隕石を回収していて、日本は世界で2番目に多くの隕石を保有する国となっています。やまと隕石やあすか隕石がそれです。

隕石は落下するときに、大気との摩擦で激しく発熱します。このとき隕石表面が融け、溶融殻(fusion crust)ができます。この溶融殻があるかないかが、もっとも簡単な隕石の見分け方です。しかし一般に、その判定は専門家でもなかなか困難です。ちなみに日本では、隕石は最初に拾い上げた人のものになります。

コラム

隕石によって生まれる岩石

テクタイト(tektite、語源はギリシャ語のtektos〔溶けた〕から)は、隕石の衝突によってつくられる天然ガラスです。成分は地球の岩石と同じで、隕石ではありません。円形のものや水滴形状のものなど、形状はさまざまです。数cmの大きさに達するものもあります。

高速で衝突した隕石の巨大なエネルギーにより溶融体になってはじき飛ばされた地球表面の岩石や砂などが、上空で急冷して固まってできたものだと考えられています。衝突してできたクレーターの位置に関連して広く分布します。チェコで採集されるモルダバイト(moldavite)と呼ばれるテクタイトは、その例です。

モルダバイト

コラム

砂金との遭遇

日本にはたくさんの金産地がありました。現在の世界状況から見るとそれほど大きな鉱山ではありませんが、歴史上、比較的早い時期に集中して開発されました。西欧人に喧伝されて、知られるようになったのでしょう。

鉱脈の中の自然金を「山金」といいます。山金を含む岩石が侵食・削剥を受けて、中の小さな粒子が川に流出します。はじめは石英などに包まれていたでしょうが、やがて砕かれて片羽となり、あるいは単体になり、止まったり流下したりします。それが砂金です。

砂金はたいてい、自然金やそれに銀が混じったエレクトラムの形で川を流れ下ります。山金は自形結晶であることが多いのですが、丸まったり叩き潰されたりしながら、川を下ります。途中で川底の割れ目や穴に捕まったり、河川堆積物中に取り込まれたり（柴金）、海に達して浜金になったりするものもあります。

金は、比重が大きい（純金で19.3）、化学反応を起こしにくい、展性延性が大きい、などの特異な性質をもつため、小さいですが川の中で大層目立ち、採取することができます。一般には、パン皿を使った「椀がけ法」や、やや大掛かりな「猫流し法」などで、砂礫の中から探し出します。流れに乗った砂礫がくぼみや石の後ろ側に入り込む際、石英のような比重の小さな鉱物は流れに乗って除かれるのに対し、金は比重が大きいので、その場に止まります。したがって、このような場所を当たると、砂金に遭遇する機会が多くなります。

ポイントとしては、大きな石の下流側、湾曲している沢の突出部、中洲の突き出た部分、滝壺や亀穴の中などが狙い目です。川原に生えている草の根の部分には、細かなひげ根が金粒を抱きかかえていることがよくあります。

砂金の採掘風景（山梨県北都留郡丹波山村）

第3章

鉱物図鑑

岩石を構成する鉱物。
鉱物には、鉱物をつくる元素の種類や結晶構造によって、
さまざまな種類があります。
また、鉱物は資源として人間の生活を支えています。
鉱物1つ1つを見てみると、
色や光沢などが実に個性的で、
面白い特徴をもっています。
地球上にはどんな鉱物があるのでしょうか。

鉱物といえるもの

鉱物の定義

岩石と鉱物は混同されがちですが、全く別のものです。岩石は鉱物が集まったもので、鉱物は岩石のもととなるものです（⇨16ページ）。

鉱物学では、鉱物（mineral［ミネラル］）を「天然に産出する無機質で一定の化学組成と結晶構造を有する固体物質」と定義しています。「天然に産出する無機質」とは、「人工的につくられたものでも、生物の活動によって生まれるもの（有機物）でもないもの」ということです。化学組成というのは、鉱物をつくっている元素の数と種類です。結晶構造というのは、鉱物をつくる元素が結びついているようすのことです。つまり、鉱物は自然の中にある無機物で、決まった化学組成をもった、結晶になっている固体の物質ということです。

貝殻の方解石や霰石、ヒトの歯に多く含まれるハイドロキシアパタイトなどは、生体鉱物（生物が関わってできた無機物）として区別されていて、厳密にいうと鉱物ではないことになるのです。

もっとも、例外もあります。宝石のオパールは非晶質物質（結晶構造をもたない物質）ですが、鉱物に含まれます。樹脂が化石化した琥珀も、結晶としての構造をもたないのですが、鉱物に分類されています。水銀は常温で液体ですが、これも鉱物です。

「ミネラルウォーター」など、飲料水や食品などに含まれる無機質を「ミネラル」とか「鉱物質」と呼ぶこともありますが、「鉱物」そのものではありません。

コラム

鉱山の下流域

かつて鉱山があった場所の下流域は、鉱物・鉱石探しの重要なポイントの1つです。露頭からの転石や落石の他に、鉱山の操業中に選鉱の過程で落下した岩石や鉱石もあることでしょう。転石でも、地理的に見ればその鉱床から排出された貴重な標本です。そもそも多くの鉱床の発見は、河川調査が元になり、それによって鉱山が開発されたという経緯があります。

鉱山の採掘跡は、法律によって環境の保全が実施されていますが、不十分な箇所もあります。長い年月の間に、坑木や鉄骨が腐って危険になっている場所もあるかもしれません。坑口がふさがれていなくても、坑内には絶対に入らないことです。坑内には天盤の緩んでいることや、有毒ガスが溜まっているところもあり、また危険動物が生息していることにも十分注意してください。

鉱物とされる条件

条件① 人の手や生物の活動によって
つくられたものではない

条件② 化学組成をもっている
（1つまたは複数の元素が集まってできている）

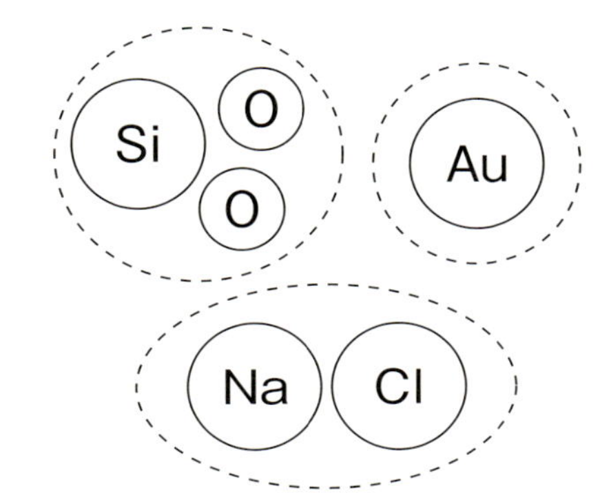

条件③ 結晶構造をもっている

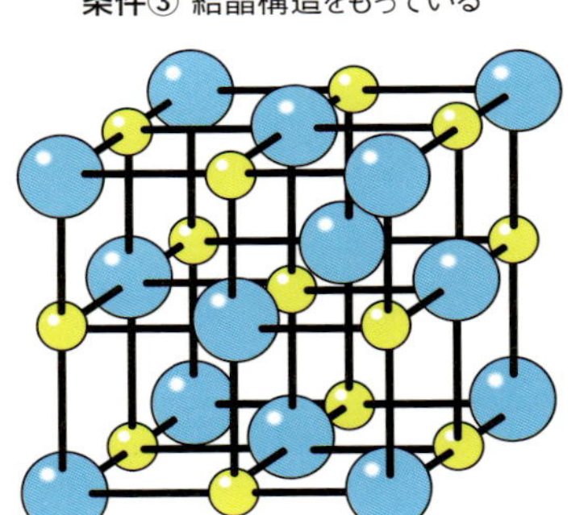

条件④ 固体である

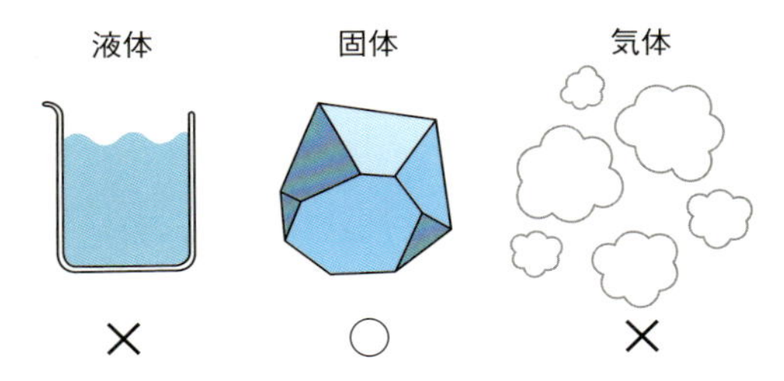

例外的に鉱物に含まれるもの

琥珀

ドミニカ共和国パロアルト産

松や杉の木から出た樹液が
土の中で化石となったもの。
生物の活動でできた有機物で、
結晶構造をもちませんが、鉱物に含まれます。

水銀

北海道紋別市竜昇殿鉱山産

固体ではなく液体ですが、
鉱物に含まれます。
精製したものではなく、
坑内で出てきたままの自然水銀です。

鉱物の分類と特徴

化学的性質による分類

さまざまな種類がある鉱物は、その特徴によって細かく分類することができます。

鉱物の化学的性質は、化学組成と結晶構造の組み合わせによって決まります。化学組成が同じでも、結晶構造が違うと、違う種類の鉱物になります。例えば、石墨（グラファイト）とダイヤモンドはともに炭素（C）からできていますが、結晶構造が違うために、別の種類の鉱物となり、全く異なった性質をもっています。

化学組成による分類

元素鉱物	単独の元素からなる、あるいは合金として産する鉱物	自然金（Au）、自然銀（Ag）、自然銅（Cu）、自然蒼鉛（Bi）、自然テルル（Te）、自然硫黄（S）、石墨（C）、ダイヤモンド（C）
硫化鉱物	金属元素と硫黄が結合している鉱物	黄鉄鉱（FeS_2）、黄銅鉱（$CuFeS_2$）、方鉛鉱（PbS）
酸化鉱物	金属元素と酸素が結合している鉱物	石英（SiO_2）、赤鉄鉱（Fe_2O_3）、磁鉄鉱（$Fe^{2+}Fe^{3+}{}_2O_4$）、チタン鉄鉱（$FeTiO_3$）、スピネル（$MgAl_2O_4$）、コランダム（Al_2O_3）
ハロゲン化鉱物	金属元素とハロゲン元素が結合している鉱物	岩塩（NaCl）、蛍石（CaF_2）
炭酸塩鉱物	炭酸塩からなる鉱物	方解石（$CaCO_3$）、苦灰石（$CaMg(CO_3)_2$）
硼酸塩鉱物	硼酸塩からなる鉱物	硼砂（$Na_2B_4O_5(OH)_4 \cdot 8H_2O$）
硫酸塩鉱物	硫酸塩からなる鉱物	明礬石（$KAl_3(SO_4)_2(OH)_6$）、石膏（$CaSO_4 \cdot 2H_2O$）、重晶石（$BaSO_4$）
燐酸塩鉱物	燐酸塩からなる鉱物	燐灰石（$Ca_5(PO_4)_3(F,Cl,OH)$）
タングステン酸塩鉱物	タングステン酸塩からなる鉱物	灰重石（$CaWO_4$）、鉄重石（$FeWO_4$）
珪酸塩鉱物	珪酸塩からなる鉱物	橄欖石、輝石、角閃石、雲母、長石、沸石

水を成分として含む鉱物を含水鉱物としてまとめることもある。

また、結晶構造が同じでも、化学組成が異なれば、別の種類になります。例えば、方解石（$CaCO_3$）と菱苦土石（$MgCO_3$）は、結晶構造はほぼ同じですが、化学組成が違うため、別の種類の鉱物になるのです。左の表は、鉱物を化学組成で分けたものです。

鉱物の結晶構造は、結晶の中で原子がどのように並んでいるかによって分類されます。原子の配列である結晶構造はとても小さいので、肉眼で見て直接知る方法はありません。そのため、放射線の一種のX線（レントゲン線ともいいます）を使ったX線回折という方法で調べます。右の表は、同じ結晶構造をもつ鉱物同士でグループ分けしたものです。

結晶構造による分類

スピネルグループ
磁鉄鉱、スピネルなど

燐灰石グループ
弗素燐灰石など

柘榴石グループ
灰鉄柘榴石、満礬柘榴石など

長石グループ
カリ長石、斜長石など

角閃石グループ
直閃石、透閃石など

輝石グループ
透輝石、翡翠輝石など

沸石グループ
濁沸石、菱沸石など

見た目でわかる鉱物の特徴

鉱石の性質のいくつかは、見た目の特徴によってはっきりとわかることがあります。

色

鉱物に含まれている不純物の影響を受けて色が決まります。同じ鉱物でも、色の違うものが存在するのです。また、熱や紫外線などにより変色する場合があります。

含まれている不純物の違いで色が異なる蛍石

イギリス　ダラム郡フロスタリーロジャーリー鉱山産　　オーストリア　ベルクハイム産

条痕色

陶磁器など、硬くて粗い板の表面に鉱物をこすりつけたときにできる線を「条痕」といい、この線の色を条痕色といいます。条痕色は鉱物を粉末にしたときの色というわけです。条痕色は鉱物の色と必ずしも同じではありません。

☞鉱物の条痕色

光沢

結晶の表面の質感や艶を、光沢といいます。主として光を反射・屈折する程度や表面状態によって決まりますが、鉱物の種類によって、特有の光沢を示します。これは結晶の屈折率などの影響で決まるためです。光沢の表現は、金属光沢、金剛光沢、ガラス光沢、樹脂光沢、脂肪光沢、真珠光沢、絹糸光沢などのように表現されます。

金属光沢（黄鉄鉱）

☞光沢の種類　（　）内は鉱物例

金剛光沢（ダイヤモンド）

ガラス光沢（岩塩）

樹脂光沢（閃亜鉛鉱）

脂肪光沢（琥珀）

真珠光沢（滑石）

絹糸光沢（珪灰石）

蛍光

暗いところで紫外線を当てると、特有の色を出して光る鉱物があります。これは結晶の中に不純物として含まれている希土類元素（レアアース）などによる影響で、この現象を蛍光（フローレッセンス）といいます。鉱物の種類や産地、また紫外線の波長によって光り方が違うので、これを利用して鉱物を調べることもできます。

紫外線を当てるのを止めても光が消えない現象は、燐光と呼ばれています。

紫外線を当てると蛍光を示す鉱物

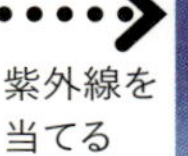

劈開

鉱物には、結晶構造によって、ある一定の方向に割れやすい性質をもつものがあります。この性質を「劈開」といいます。とても特徴的な劈開をもつ鉱物もありますが、全く劈開がないものもあります。劈開のあらわれ方は、「きわめて完全、完全、不完全、きわめて明瞭、明瞭、不明瞭、無し」という7段階に分けられています。

完全な劈開をもつ鉱物

蛍石

方解石

鉱物の形状と結晶

3つの形状

鉱物には、「なりやすい形」があります。そのため、形を見ただけで、その鉱物が何なのか、よくわかるものがあるのです。色や光沢とともに、結晶の形は、鉱物の種類を見た目で判断する上で非常に重要な要素なのです。

鉱物のなりやすい形

板状

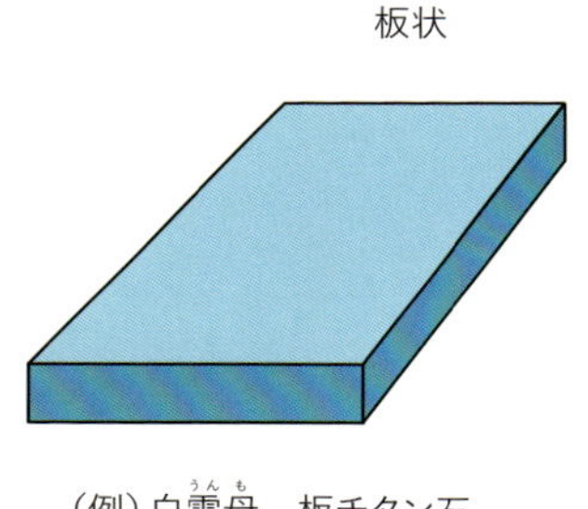

（例）白雲母、板チタン石

柱状

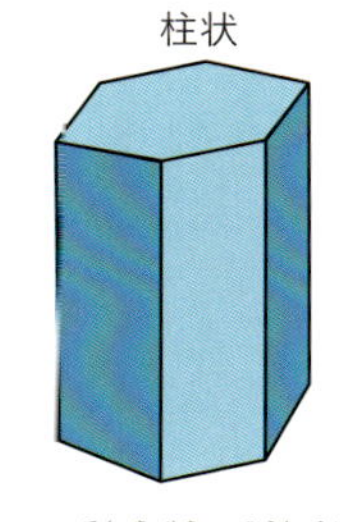

（例）電気石、紅柱石

錐状

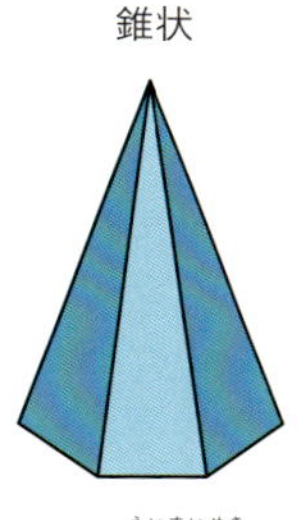

（例）鋭錐石

自形の結晶とは

下の写真は、箱の中に同じ大きさの鉄の球を並べたものです。縦・横・斜めにそろっているのがわかりますね。結晶の中では、このように原子が並んでいるのです。この並びはそのまま結晶の外側にまで伸びていて、この並びと平行な面をつくります。これが「結晶面」です。

面の大きさはさまざまな理由によって同じにはなりませんが、面と面のなす角度はいつも同じになります。その結果、結晶には結晶内部の性質を反映した面ができ、面のつくる角度が同じため、結晶の鉱物らしさをつくりだすのです。このように、自分の内部の構造を結晶に反映した形を「自形」といいます。

これに対して、他の鉱物に妨げられて、その鉱物固有の結晶面をもてないとき、それを「他形」といいます。

結晶の原子の並び方（イメージ）

結晶系とは

結晶の基本的な形は、6〜7つにまとめることができます。これを結晶系または晶系といいます。鉱物の結晶がどのような対称性（結晶の並び方が一対になっていること）をもっているかをあらわします。

結晶系による分類

六方晶系（ろっぽうしょうけい）

- a_1軸とa_2軸、a_2軸とa_3軸の角度は120°
- c軸はa_1、a_2、a_3軸に直交
- 軸の長さはc軸のみ異なる

❖軸が4本あることがほかと異なる。これを六方晶系と三方晶系とに分ける方法もある

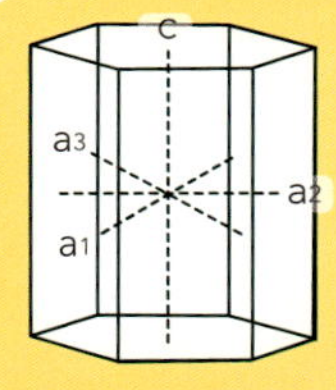

立方晶系（りっぽうしょうけい）

- 軸と軸の角度がすべて直交
- 軸の長さはすべて同じ

❖等軸晶系ともいう

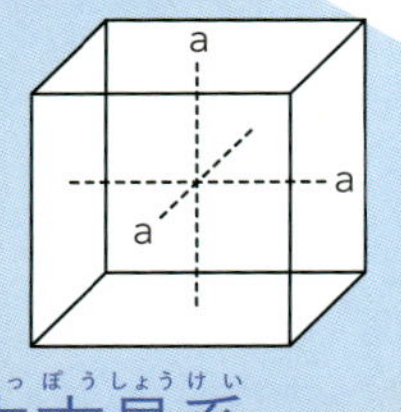

正方晶系（せいほうしょうけい）

- 軸と軸の角度がすべて直交
- 軸の長さはc軸のみ異なる

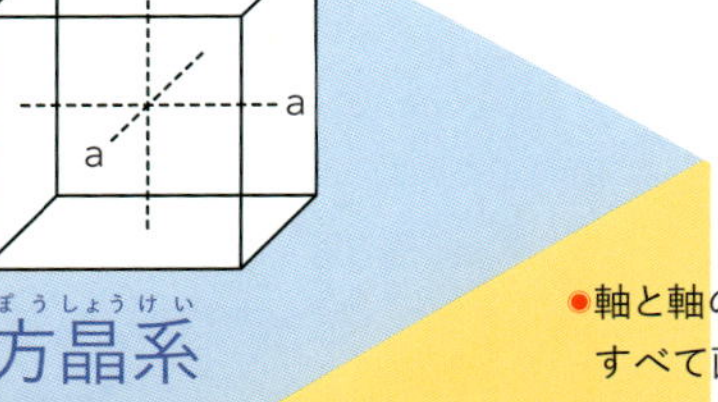

三斜晶系（さんしゃしょうけい）

- 軸と軸の角度はすべて斜交
- 軸の長さはすべて異なる

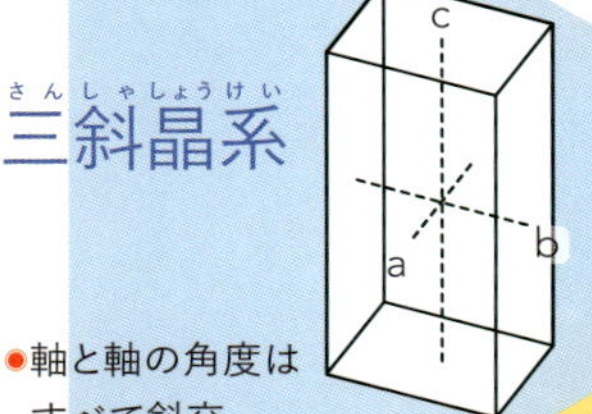

単斜晶系（たんしゃしょうけい）

- b軸とc軸、a軸とb軸は直交
- a軸とc軸は斜交
- 軸の長さはすべて異なる

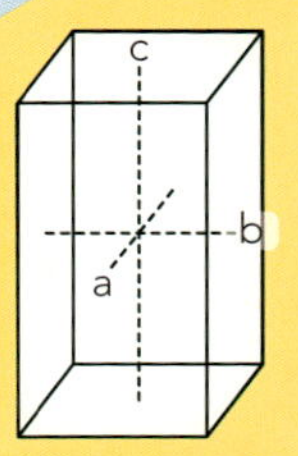

直方晶系（ちょくほうしょうけい）

- 軸と軸の角度がすべて直交
- 軸の長さはすべて異なる

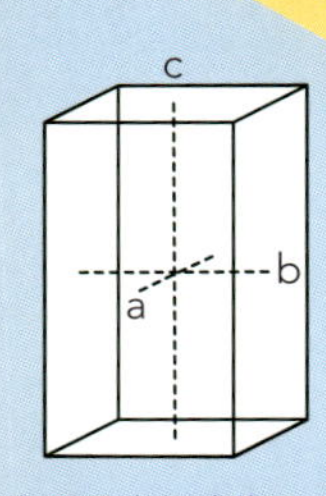

鉱物の分類

造岩鉱物と造鉱鉱物

56ページから述べてきたように、鉱物は、基本的には化学組成と結晶の構造によって分類されます。しかし、鉱物の分け方は、他にもいろいろあります。自然や私たちの周りでどのように存在しているか、というのもわかりやすい方法です。

自然界で、普通に「岩石」を構成している鉱物を「造岩鉱物」(⇨63ページ〜)と呼びます。鉱物の量が多いものや少ないものがあり、また、分布する地域や生成した時代もさまざまです。岩石の種類によっても、主要なもの、副次的なもの、微少量のもの、などいろいろですが、それでも主だった傾向があります。造岩鉱物は、自然界でよく目につく鉱物でもあります。

一方、一般の岩石にはわずかしか含まれていませんが、条件が整えば、濃集して、「鉱石」を構成するような鉱物があります(鉱石とは、有用成分を技術的・経済的に回収できる鉱物あるいは鉱物集合体のこと)。鉱石には有用な成分と無用の成分がありますが、有用な成分を含む鉱物を「造鉱鉱物」(⇨78ページ〜)と呼びます。鉱石にならない、すなわち、目的の造鉱鉱物を全く含まない、あるいはわずかしか含まないものは、「脈石(みゃくせき)」として廃棄されます。

もっとも、この分類は多分に作為的で、経済活動の状況によって、ずいぶん変わり得ます。例えば、石英は多くの金属鉱床では脈石鉱物として捨てられてしまいますが、石英を目的に採掘する鉱山では、もちろん主要な鉱石鉱物です。また、金銀鉱床に産する黄銅鉱などは、少量では脈石鉱物ですが、まとまって回収できると立派な鉱石鉱物です。さらに、ある時期には廃棄されていた脈石が、時代の要請や技術革新によって、鉱石として再開発される、というような事も起こり得ます。

このように、「造岩鉱物」と「造鉱鉱物」という分け方には、少々混乱する要素もありますが、鉱物の性質やできかたを理解するうえで、わかりやすい側面ももっているのです。繰り返しになりますが、これから紹介する鉱物についても、造岩鉱物が造鉱鉱物になることも、その逆もあり得る点を考慮してください。

石英 quartz［クォーツ］

二酸化珪素（SiO_2）が結晶してできた鉱物です。
無色透明な六角柱状からできた結晶を水晶と呼びます。
おもな造岩鉱物であり、花崗岩などの火成岩に
多く含まれています。一般的に、砂漠・砂丘の砂は
石英がおもな成分となっています。
また、石英は地殻をつくる一般的な鉱物で、
火成岩・変成岩・堆積岩にも含まれます。

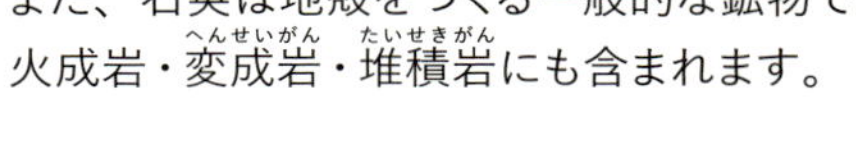

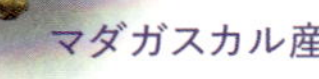

マダガスカル産

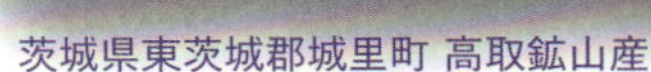

茨城県東茨城郡城里町 高取鉱山産

マダガスカル産

分類	化学組成	晶系	色	条痕	光沢	硬度	比重	劈開
酸化鉱物	SiO_2	菱面体	無、紫、黄、黒	白	ガラス	7	2.7	なし

さまざまな石英の姿

同じ鉱物でも、
多種多様な姿を見せてくれます。
造岩鉱物では、
石英を取り上げて
みましょう。

アメリカ合衆国ニューヨーク州産

山梨県塩山市竹森産

山梨県山梨市牧丘 乙女鉱山産

岩手県陸前高田市竹駒 玉山鉱山産

群馬県片品村 根羽沢鉱山産

長崎県南松浦郡奈留町永這産

アメリカ合衆国コロラド州産

正長石 orthoclase［オーソクレース］

アルカリ長石（カリ長石と曹長石を端成分とする固溶体）の一種です。
花崗岩や閃長岩などの珪長質火成岩に普通に含まれています。
火山岩や高温の変成岩にも普通に産します。
葉片状の曹長石とともに、特徴的なパーサイト構造❖を示すことがあります。
また、変質して「絹雲母」と呼ばれる微細粒の白雲母などの、粘土鉱物になります。

❖パーサイト構造…花崗岩中のアルカリ長石に見られる離溶組織。高温で生成したアルカリ長石固溶体が徐々に冷却する際、カリ長石と曹長石に分離してできる葉片状の構造。この言葉は、カナダ、オンタリオ州パース（Perth）にちなんでいる。

茨城県桜川市真壁産

分類	化学組成	晶系	色	条痕	光沢	硬度	比重	劈開
珪酸塩鉱物	$KAlSi_3O_8$	単斜	白	白	ガラス	6	2.6	二方向

灰長石

anorthite［アノーサイト］

斜長石は、灰長石と曹長石を端成分とする固溶体。
すなわち、カルシウムに富む斜長石です。
苦鉄質の火成岩や変成岩、
また多くの堆積岩に含まれています。
ある種の火山岩では高温型斜長石が、
深成岩や変成岩では
低温型斜長石が多いことが知られています。
標本は、火山噴火によって噴出した
安山岩質集塊岩中の凝灰岩中に産しています。

長野県諏訪市上諏訪産

北海道後志支庁余市町畚部産

分類	化学組成	晶系	色	条痕	光沢	硬度	比重	劈開
珪酸塩鉱物	$CaAl_2Si_2O_8$	三斜	白	白	ガラス	6	2.8	二方向

白雲母

muscovite［マスコバイト］

珪酸塩鉱物のグループ名です。
「きらら」、「きら」と呼ばれることもあります。
多くは六角板状の結晶で、
薄くはがれやすいことが特徴です。
雲母は、科学組成によって
白雲母、黒雲母、金雲母、リチア雲母などに
分類されます。

ブラジル産

福島県石川郡石川町産

分類	化学組成	晶系	色	条痕	光沢	硬度	比重	劈開
珪酸塩鉱物	$KAl_2(AlSi_3O_{10})(OH, F)_2$	単斜	無、白、黄	白	真珠	2^+～3^+	2.9	一方向

黒雲母

biotite［バイオタイト］

黒雲母は、金雲母（phlogopite）や
鉄雲母（annite）など、
4つの端成分からなる固溶体です。
種々の火成岩や変成岩に
普通に含まれています。

⊙ 現在の学界では、黒雲母は独立した種として認められていません。しかし、現場ではよく使われていますし、岩石名につける鉱物名としてもよく用いられます。固溶体の扱い規定の変更のためにこうなったのですが、あまりよい方法ではないと著者は考えています。これは、柘榴石や電気石にもいえることです。慣用的で馴染みがありますので、ここではあえて「黒雲母」として紹介しておきます。

カナダ産

分類	化学組成	晶系	色	条痕	光沢	硬度	比重	劈開
珪酸塩鉱物	$K(Mg, Fe^{2+})_3(AlSi_3O_{10})(OH, F)_2$	単斜	暗褐、緑黒	淡褐	真珠	2^+-3	2.7-3.4	一方向

普通輝石

augite［オージャイト］

火成岩や変成岩のおもな造岩鉱物です。
特に玄武岩や安山岩の斑晶としてよく産します。
岩石から分離すると、
短柱状や菱形を呈する厚い板状の結晶、
また矢羽のような形の双晶であることがわかります。
火成岩中のものは暗緑〜黒色、
変成岩中のものは暗褐色を呈しています。
昔から知られていましたが、
ヘデン輝石や翡翠輝石などの輝石族が
あることがわかり、
「普通」輝石と呼ばれるようになりました。

山梨県西八代郡
上佐野産

分類	化学組成	晶系	色	条痕	光沢	硬度	比重	劈開
珪酸塩鉱物	$(Ca, Mg, Fe, Al, Ti)_2(Si, Al)_2O_6$	単斜	暗緑、暗褐	灰	ガラス	5^+〜6	3.2〜3.6	一方向

普通角閃石

hornblende［ホルンブレンド］

火成岩や変成岩のおもな造岩鉱物です。
特に花崗岩中や安山岩の斑晶として
よく産します。安山岩などから
分離すると、菱形や扁平な
六角柱状結晶であることがわかります。
マグネシウムの多い苦土普通角閃石と
鉄の多い鉄普通角閃石とに
分けられます。
昔から知られていましたが、
緑閃石や藍閃石などの
角閃石族があることがわかり、
「普通」角閃石と
呼ばれるようになりました。

台湾台北庁芝蘭一堡七星山産

長野県諏訪郡
境村産

分類	化学組成	晶系	色	条痕	光沢	硬度	比重	劈開
珪酸塩鉱物	$Ca_2(Mg, Fe)_4Al(AlSi_7O_{22})(OH)_2$	単斜	緑黒	白	ガラス	5〜6	3.0〜3.5	一方向

秋田県男鹿半島
一ノ目潟産

苦土橄欖石（くどかんらんせき）

forsterite［フォルステライト］

オルソ（ネソ）珪酸塩鉱物です。
マグネシウムを含んだ橄欖石（olivine）で、鉄を含む鉄橄欖石（fayalite）との間に固溶体をつくります。形状は粒状または短柱状結晶です。おもに玄武岩（げんぶがん）や斑糲岩（はんれいがん）などの火成岩に多く含まれています。アップルグリーンの透明な大型の結晶は、研磨（けんま）して、ペリドットという名前で宝石として扱われています。

アメリカ合衆国ハワイ州産

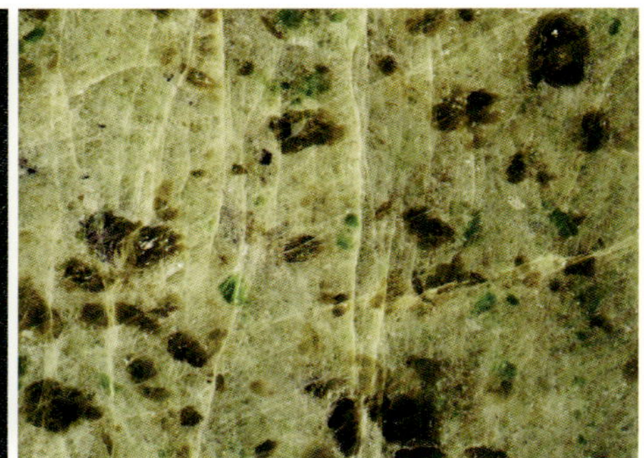

北海道様似郡様似町産

分類	化学組成	晶系	色	条痕	光沢	硬度	比重	劈開
珪酸塩鉱物	Mg_2SiO_4	直方	黄緑、褐	白	ガラス	7	3.2	なし

鉄礬柘榴石 almandine［アルマンディン］

柘榴石（garnet）の名前の由来は、果物の柘榴です。柘榴石とも石榴石とも、榴石とも表記しました。
鉄礬柘榴石は、変成岩・火成岩・花崗岩ペグマタイトに、もっとも普通に産します。
黒色で粒状二十四面体の単結晶、またその塊状集合体になります。
鉄をマグネシウムで置換したものが苦礬柘榴石、マンガンで置換したものが満礬柘榴石で、
連続固溶体をつくります。

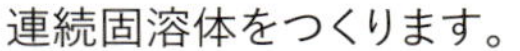

福島県石川郡石川町産

茨城県桜川市真壁産

オーストラリア産

分類	化学組成	晶系	色	条痕	光沢	硬度	比重	劈開
炭酸塩鉱物	$Fe_3Al_2(SiO_4)_3$	立方	赤、黒褐	白	ガラス	7^+	4.3	なし

灰鉄柘榴石 andradite［アンドラダイト］ 灰礬柘榴石 grossular［グロッシュラー］

おもに接触交代鉱床に産する代表的スカルン鉱物です。両者で連続固溶体をつくります。
十二面体の結晶として産することが多く、色は変化に富んでいます。
単結晶中でも、中心部と外縁部で化学組成が違っていたり、
結晶構造が異なっていたりという、成長累帯構造を示すことがよくあります。

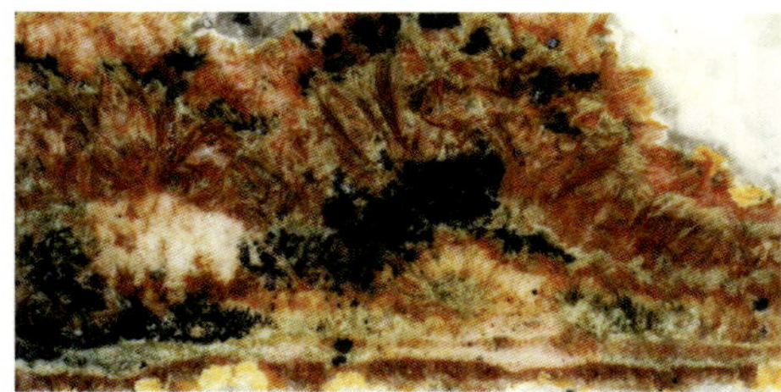

埼玉県秩父市 秩父鉱山産

福島県いわき市四倉 八茎鉱山産

灰鉄柘榴石

分類	化学組成	晶系	色	条痕	光沢	硬度	比重	劈開
炭酸塩鉱物	$Ca_3Fe_2(SiO_4)_3$	立方	褐赤、黄緑	白	ガラス	7	3.9	なし

灰礬柘榴石

分類	化学組成	晶系	色	条痕	光沢	硬度	比重	劈開
炭酸塩鉱物	$Ca_3Al_2(SiO_4)_3$	立方	白、黄、橙	白	ガラス	7	3.6	なし

方解石 calcite［カルサイト］

炭酸塩鉱物の一種です。
石灰岩に含まれるおもな鉱物です。
結晶質石灰岩（大理石）では、
石灰岩の細かい方解石結晶が、
再結晶して大きくなります。無色透明で、
直方体を押しつぶしたような、
平行四辺形または菱形に囲まれた結晶体です。
複屈折（透明な方解石を通して向こう側を見ると
二重に見える光学的特徴）がはっきりと
わかります（⇨96ページ）。貝殻になる
方解石や霰石は生体鉱物に分類されます。

石川県珠洲市若山町 能登鉱山産

福島県いわき市四倉 八茎鉱山産

鍾乳石
福島県いわき市産

石川県珠洲市若山町 能登鉱山産
（偏光顕微鏡写真）

分類	化学組成	晶系	色	条痕	光沢	硬度	比重	劈開
炭酸塩鉱物	$CaCO_3$	菱面体	無、白、淡黄	白	ガラス	3	2.7	三方向

鋼玉（こうぎょく）

corundum［コランダム］

ホルンフェルス、ペグマタイト、熱水鉱脈、
変質岩、片麻岩などの中に産します。
硬く、侵食を受けにくく、砂礫層の中にも存在します。
六角柱状～板状の結晶形を呈します。
日本に産する肉眼的なコランダムは、
灰色から青～暗青色のものが多いようです。
宝飾の世界では、
クロムを含む赤い（鳩血色）ものをルビー（紅玉）、
鉄とチタンを含む青いものを
サファイア（蒼玉、青玉）と呼んでいます。

マダガスカル産

分類	化学組成	晶系	色	条痕	光沢	硬度	比重	劈開
酸化鉱物	Al_2O_3	菱面体	灰から青	無	ガラス	9	4	なし

霰石（あられいし）

aragonite［アラゴナイト］

方解石の多形の１つです。
貝殻や真珠層の主成分もこれからできています。
また、温泉の沈殿物としても見られます。
3つの直方柱状結晶が双晶をなして
擬六角柱になることもよくあります。
玄武岩や流紋岩の空隙に
生じることもあります。

スペイン産

分類	化学組成	晶系	色	条痕	光沢	硬度	比重	劈開
炭酸塩鉱物	$CaCO_3$	直方	無、白	白	ガラス	4	2.9	一方向

菱(りょう)マンガン鉱(こう)

rhodochrosite［ロードクロサイト］

変成マンガン鉱床や
熱水鉱脈鉱床によく産します。
菱形や犬牙状の結晶形で、
また、繊維状結晶が放射状に重なって、
ぶどう状あるいは鍾乳石状にもなります。
鮮やかな赤色透明から
桃白色不透明なものまで、
特徴的な赤色を呈します。
変成マンガン鉱床では
緻密な灰色塊状なものが産します。
マンガンの重要な鉱石鉱物です。

茨城県東茨城郡城里町
高取鉱山産

⦿ 鉄重石を含む鉱脈の空隙に産した、
透明感のある菱マンガン鉱。
結晶面は白濁しているが、
中は見事な赤い色をしている。
この鉱物中に、
常温で液体二酸化炭素を含む
流体包有物を発見した。

北海道後志支庁古平
稲倉石鉱山産

アメリカ合衆国コロラド州産

分類	化学組成	晶系	色	条痕	光沢	硬度	比重	劈開
炭酸塩鉱物	$MnCO_3$	菱面体	灰、紅	白	ガラス	4	3.7	三方向

石膏(せっこう)

gypsum［ジプサム］

硫酸(りゅうさん)カルシウム（$CaSO_4$）をおもな成分としている鉱物です。
海水や塩湖が干上がるときに生成する鉱物で、
炭酸カルシウム（方解石）・硫酸カルシウム（石膏(せっこう)）・塩化ナトリウム（岩塩(がんえん)）の順で沈殿(ちんでん)し、
それぞれの地層をつくります。石膏は、彫刻の素材や、
骨折したときに固定するギプスなどに使われています。

山梨県南巨摩郡中富町夜子沢産

メキシコ産

ドイツ産

分類	化学組成	晶系	色	条痕	光沢	硬度	比重	劈開
硫酸塩鉱物	$CaSO_4 \cdot 2H_2O$	単斜	無、白	白	亜ガラス	2	2.3	一方向

燐灰石(りんかいせき)

apatite［アパタイト］

燐酸塩(りんさんえん)鉱物の一種です。
ほとんどの火成岩・変成岩に
少しずつ含まれています。六角柱状のほか、
六角板状、塊状(かいじょう)、土状(つちじょう)などのものもあります。
化学肥料（燐酸塩）として重要な原料です。
比較的やわらかいため
宝飾品としてはあまり適しません。

栃木県日光市足尾
足尾鉱山産

メキシコ産

分類	化学組成	晶系	色	条痕	光沢	硬度	比重	劈開
燐酸塩鉱物	$Ca_5(PO_4)_3F$	六方	無、白	白	ガラス	5	3.2	なし

緑柱石(りょくちゅうせき)

beryl［ベリル］

普通六角柱状結晶をなし、
先端が平らなものや尖ったものがあります。
含まれる不純物イオンの種類に応じて
色が変わります。
福島県石川郡石川町塩ノ平産（淡青色、大型結晶）、
茨城県桜川市真壁町山の尾産（濃青色、小型結晶）などが有名です。
宝飾の世界では、色に応じて
独特な名前がつけられています。
アクアマリン（緑青色、鉄イオン）、
ヘリオドール（黄色、鉄イオン）、
エメラルド（緑色、クロムやバナジウムイオン）、
モルガナイト（桃色、マンガンイオン）などがあります。

マダガスカル産

ブラジル産

分類	化学組成	晶系	色	条痕	光沢	硬度	比重	劈開
珪酸塩鉱物	$Be_3Al_2Si_6O_{18}$	六方	淡緑	白	ガラス	7^+	2.7	なし

鉄電気石（てつでんきせき）

schorl［ショール］

おもに花崗岩ペグマタイトに産する
黒色の電気石です。
この鉱物を熱すると、
誘電体の分極が変化する、
すなわち、焦電気を生じることから、
この名前がつきました。
結晶形は苦土電気石とほぼ同じで、
柱の伸びの方向に条線が発達します。
針状結晶が放射状に集合することもあります。
なお、苦土電気石（dravite）は、
マグネシウムが鉄を置換して
鉄電気石と連続固溶体をつくります。
こちらはおもに変成岩中に産します。

ブラジル産

分類	化学組成	晶系	色	条痕	光沢	硬度	比重	劈開
珪酸塩鉱物	$NaFe_3Al_6(BO_3)_3Si_6O_{18}(OH, F)_4$	菱面体	黒、黒褐	淡褐	ガラス	7^+	3.1	なし

黄玉（おうぎょく）

topaz［トパーズ］

珪酸塩鉱物で、熱を加えたり、
放射線を当てたりすることで色が変わります。
結晶の上下方向に
劈開性（へきかいせい）があることが特徴的です。
また、強い衝撃を与えると
内部にひび割れが起こりやすいです。
フッ素やアルミニウムを含み、
さまざまな色を示しますが、
宝石としては淡褐色（たんかっしょく）のものが
上質のものとされています。

茨城県東茨城郡城里町
高取鉱山産

岐阜県中津川市苗木町産

分類	化学組成	晶系	色	条痕	光沢	硬度	比重	劈開
珪酸塩鉱物	$Al_2SiO_4(F, OH)_2$	直方	無、黄褐、緑	白	ガラス	8	3.5	一方向

滑石

talc［タルク］

粘土鉱物の一種で、
水酸化マグネシウムと
珪酸塩からできている鉱物です。
滑石がおもな成分の岩石は、
ろう石と呼ばれます。
鉱物の中でも特にやわらかく、
爪を立てると簡単に傷がつきます。
粉末にして、黒板用のチョークや、
ベビーパウダーほか
化粧品類などをつくるのに
使用されています。

中華人民共和国遼寧省海城産

分類	化学組成	晶系	色	条痕	光沢	硬度	比重	劈開
珪酸塩鉱物	$Mg_3Si_4O_{10}(OH)_2$	単斜・三斜	白、淡緑	白	真珠	1	2.7	一方向

珪灰石

wollastonite［ウオラストナイト］

接触変成作用を受けた石灰岩中に
普通に産します。
すなわち、スカルン化作用の最前線で、
繊維状結晶が放射状に成長して
緻密な集合体をつくります。
そのため、実際の硬度より硬く感じることになり、
フィールドでは鋼鉄で引っ掻くなどして確認します。
カルシウムの一部をマンガンが置換してバスタム石に、
鉄が置換して鉄バスタム石になります。

山口県厚挟郡楠町産

埼玉県秩父市 秩父鉱山産

分類	化学組成	晶系	色	条痕	光沢	硬度	比重	劈開
珪酸塩鉱物	$CaSiO_3$	三斜	白	白	絹糸	4^+	2.9	一方向

造鉱鉱物

金剛石（こんごうせき）

diamond［ダイヤモンド］

炭素（C）の多形であり、同じ元素からできていながら、
原子の配列が異なり、その性質も異なる単体の１つです。
実験で確かめられている中では天然でもっとも硬い物質です。
多くが八面体で、十二面体や六面体もあります。
宝石や研磨（けんま）剤として利用されています。
電気を通さないことが特徴です。

南アフリカ共和国 キンバレー産

南アフリカ共和国
キンバレー産

コンゴ民主共和国産

南アフリカ共和国
キンバレー産

分類	化学組成	晶系	色	条痕	光沢	硬度	比重	劈開
元素鉱物	C	立方	無～黒、さまざま	白	金剛	10	3.6	四方向

石墨（せきぼく）

graphite［グラファイト］

泥質岩起源の変成岩や片麻岩にしばしば少量で含まれます。
また、火成岩や晶質石灰岩などの接触変成岩に含まれることもあります。

富山県負婦郡
高清水産

分類	化学組成	晶系	色	条痕	光沢	硬度	比重	劈開
元素鉱物	C	六方	黒	黒	金属	1～2	2.2	一方向

自然金 native gold［ネイティブ ゴールド］

元素鉱物の一種です。自然銀と、固体同士が混ざり合ったエレクトラム[*1]という固溶体をつくります。銀を多く含むときは色が白く、銅を多く含むときは赤みを帯びます。色は黄鉄鉱や黄銅鉱に似ていますが、条痕や硬度が異なります。

❖1 エレクトラム…2種類以上の元素が結晶構造の中に入り込み、互いに溶け合い、全体が均一の固相になっているもの。

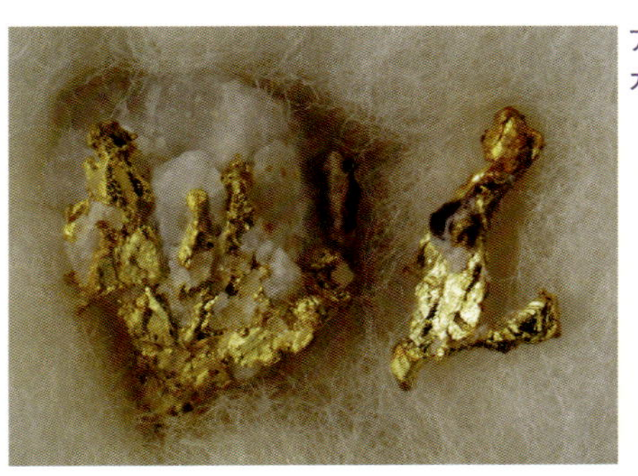

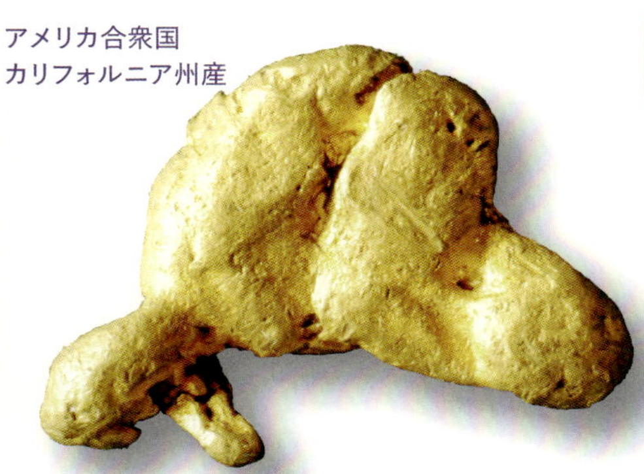

アメリカ合衆国
カリフォルニア州産

鹿児島県伊佐市 菱刈鉱山産

⊙ これは「金鉱石」。
この中の特に黒色の部分（「銀黒」）に
金が「自然金」の形で入っている。
肉眼ではほとんど見えないが、
この部分だけ取ると3～5 kg/Tと
著しく高品位な鉱石である。

岩手県陸前高田市竹駒
玉山金山産

分類	化学組成	晶系	色	条痕	光沢	硬度	比重	劈開
元素鉱物	Au	立方	黄金	黄金	金属	2^{+}～3	19.3[*2]	なし

❖2 銀を固溶して15.2まで変化する。

しぜんぎん
自然銀

native silver［ネイティブ シルバー］

ヒゲ状・箔状・樹枝状などの形態で産します。
周囲の硫黄成分と反応して硫化銀をつくり
表面が黒くなることがあります。
展性や延性が著しく、叩いても粉末になりません。
豊羽鉱山、足尾鉱山、神岡鉱山などからの
産出が知られています。

ヒゲ状結晶
カナダ産

メキシコ産

分類	化学組成	晶系	色	条痕	光沢	硬度	比重	劈開
元素鉱物	Ag	立方	銀白	銀白	金属	2^+ 〜3	10.5	なし

しぜんどう
自然銅

native copper［ネイティブ カッパー］

玄武岩や蛇紋岩などの岩石中に塊状で産したり、
銅鉱床の酸化帯にできたりします。
銅鉱床では、六面体や十二面体の結晶が
樹枝状に集合することがあります。
空気中で次第に褐色化したり、
緑色の銅化合物で覆われたりします。
展性や延性が強く、
叩いても粉末になりません。
荒川鉱山などからの
産出が知られています。

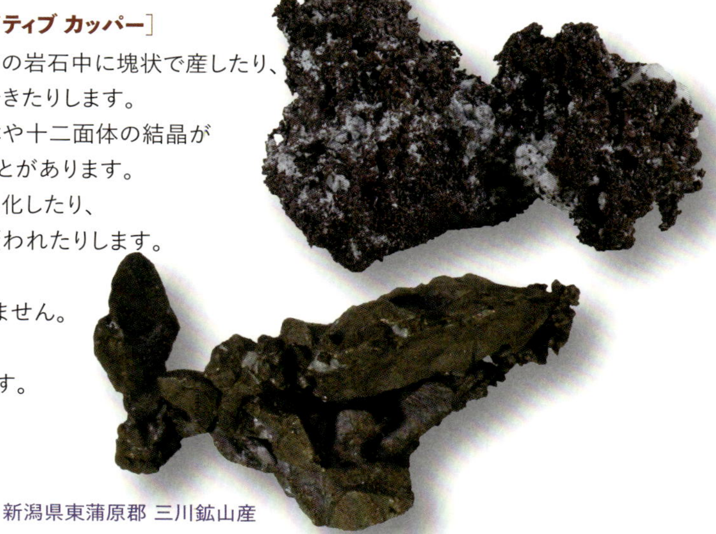

新潟県東蒲原郡 三川鉱山産

分類	化学組成	晶系	色	条痕	光沢	硬度	比重	劈開
元素鉱物	Cu	立方	銅赤	銅赤	金属	2^+ 〜3	8.9	なし

自然硫黄

native sulfur［ネイティブ　サルファ］

元素鉱物の一種です。
火山の噴気孔では、
火山性ガスに含まれる硫化水素と
二酸化硫黄が冷却することにより
自然硫黄が生成します。
かつてはさまざまな分野の工業原料として
盛んに採掘されていました。

大分県玖珠郡 九重鉱山産

分類	化学組成	晶系	色	条痕	光沢	硬度	比重	劈開
元素鉱物	S	直方	黄	黄	樹脂	1^+～2^+	2.1	一方向

秋田県仙北郡協和村
宮田又鉱山産

ペルー産

黄鉄鉱

pyrite［パイライト］

硫化鉱物の一種です。おもに六面体や八面体、
五角十二面体の結晶形をしています。
見た目は黄銅鉱と似ていますが、
より淡い黄色の色合いをしています。
この色合いにより
自然金と間違えられることが多いことから、
「愚者の黄金」(fool's gold)と呼ばれています。
英名「パイライト」は、
ギリシャ語の「火」を意味する「pyr」に由来します。
これは、黄鉄鉱をハンマーなどで叩くと
火花を散らすことから名付けられました。

チリ産

分類	化学組成	晶系	色	条痕	光沢	硬度	比重	劈開
硫化鉱物	FeS_2	立方	淡真鍮	緑黒	金属	6～6^+	5	なし

黄銅鉱

chalcopyrite［キャルコパイライト］

銅の硫化鉱物の1つで、もっとも重要な銅の鉱石鉱物です。
硝酸に溶け、炎に当てると緑色の炎色反応を示します。
酸化して青～赤紫色になったり、孔雀石や藍銅鉱に変化したりすることがあります。
河川の砂礫の中に上流の鉱脈から洗い出された黄銅鉱が堆積し、
砂金と間違われることもあります。

秋田県仙北郡 宮田又鉱山産

メキシコ産

分類	化学組成	晶系	色	条痕	光沢	硬度	比重	劈開
硫化鉱物	$CuFeS_2$	正方	黄銅	緑黒	金属	3^+～4	4.2	なし

閃亜鉛鉱

sphalerite［スファレライト］

亜鉛の硫化鉱物です。
鉄が含まれている割合の高いものは
色が濃くなり、鉄閃亜鉛鉱とも呼ばれます。
鉄が少ない褐色のものは
鼈甲亜鉛と呼ばれることもあります。
亜鉛の重要な鉱石鉱物です。

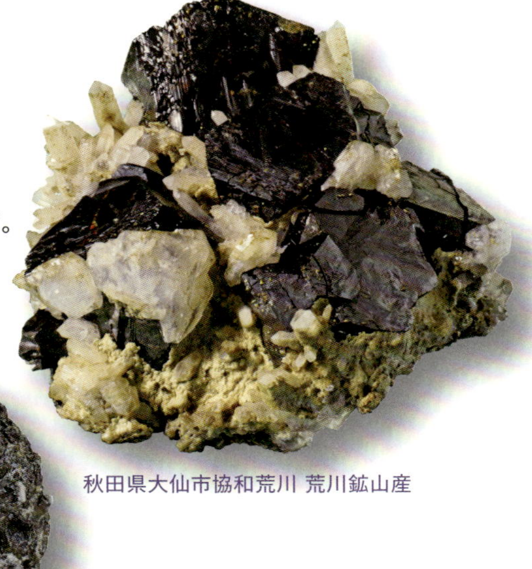

秋田県大仙市協和荒川 荒川鉱山産

福島県南会津郡 田子倉鉱山産

分類	化学組成	晶系	色	条痕	光沢	硬度	比重	劈開
硫化鉱物	(Zn, Fe)S	立方	褐～黒	褐	金剛	3^+～4	3.9～4.1	四方向

方鉛鉱

galena［ガレナ］

鉛の硫化鉱物であり、
もっとも重要な鉱石鉱物です。
割ると、サイコロのように
立方体の形になります。
また、銀の比重が大きく、
強い金属光沢などの特徴があります。
この鉱物を産出する鉱山は
日本にも非常に多くありました。

山形県東田川郡 大泉鉱山産

溶融方鉛鉱
埼玉県秩父市 秩父鉱山産

分類	化学組成	晶系	色	条痕	光沢	硬度	比重	劈開
硫化鉱物	PbS	立方	鉛灰、銀白	鉛灰	金属	2^{+}	7.6	三方向

輝水鉛鉱

molybdenite［モリブデナイト］

モリブデン（Mo）の硫化鉱物です。
モリブデンの名はこの鉱物に由来しています。
見た目は雲母や石墨に似ています。
これらと同じように
完全な劈開をもっていますが、
条痕の色によって区別することができます。
おもに、高温型の熱水鉱床で
石英にともなって産します。

岐阜県大野郡白川村
平瀬鉱山産

分類	化学組成	晶系	色	条痕	光沢	硬度	比重	劈開
硫化鉱物	MoS_2	六方	鉛灰	鉛灰	金属	1〜1^+	4.7	一方向

輝安鉱

stibnite［スティブナイト］

柱状や針状の単結晶や集合体として産します。
結晶の伸びの方向に条線が発達します。
もっとも重要なアンチモンの鉱石鉱物です。
市之川鉱山は大型で美麗な結晶を産したことで
世界的に有名で、明治時代には、
長さ60cm 以上もの多くの標本が
海外に流出したといわれています。

愛媛県西条市市之川
市之川鉱山産

分類	化学組成	晶系	色	条痕	光沢	硬度	比重	劈開
硫化鉱物	Sb_2S_3	直方	鉛灰	鉛灰	金属	2	4.6	一方向

磁硫鉄鉱

pyrrhotite［ピロータイト］

特徴的なブロンズ色（赤みがかった褐色）で、
金属光沢を呈します。六角板状あるいは
柱状結晶になることもありますが、普通は
塊状集合体で黄鉄鉱などと共に産しています。
Fe_7S_8組成の単斜型のものは
強い磁性を示します。時々、花崗岩の中に
含まれていることがあります。秩父鉱山では、
空隙に菱鉄鉱を伴って六角板状結晶が見られました。
鉄の鉱石鉱物として採掘されたこともありました。
FeS 組成の六方型のものは、
トロイリ鉱（troilite）という鉱物名で呼ばれます。
単純な組成ですが、地球上ではあまり多くなく、
隕石中からはじめて発見されました。

埼玉県秩父市中津川
秩父鉱山産

分類	化学組成	晶系	色	条痕	光沢	硬度	比重	劈開
硫化鉱物	$Fe_{1-x}S$ (X=0-0.2)	六方・単斜	黄銅	灰黒	金属	3^+ ～ 4^+	4.7	なし

第3章 鉱物図鑑

辰砂

cinnabar［シンナバー］

辰砂は硫化水銀を成分としている鮮紅色の鉱物です。
肉眼で見ると結晶はダイヤモンド光沢を呈します。
赤色の顔料として古代から利用されています。
現在では印鑑の朱肉の顔料としても
使われています。

スペイン産

奈良県宇陀郡菟田野町
大和水銀鉱山産

分類	化学組成	晶系	色	条痕	光沢	硬度	比重	劈開
硫化鉱物	HgS	菱面体	深紅	紅	金剛	2～2^+	8.1	一方向

磁鉄鉱

magnetite［マグネタイト］

酸化鉱物の一種で、結晶は正八面体をしています。
スピネルグループの鉱物です。
強い磁性をもっているのが特徴で、
磁鉄鉱そのものが
天然の磁石になっている場合もあります。
火成岩中にごく普通に含まれている、
造岩鉱物の一種です。
鉄の重要な鉱石鉱物でもあります。

ブラジル産

砂鉄　鳥取県日野郡日野町阿毘縁産

自然磁石　新潟県新発田市加治川 赤谷鉱山産

分類	化学組成	晶系	色	条痕	光沢	硬度	比重	劈開
酸化鉱物	Fe_3O_4	立方	黒	黒	金属	5^+～6	5.2	なし

赤鉄鉱

米 : hematite、英 : haematite［ヘマタイト］

鉄の酸化鉱物です。
縞状鉄鉱層で主要な鉱石鉱物として採掘されています。
産状によって、鏡鉄鉱や雲母鉄鉱などと呼ばれます。
美しいものは宝石となります。
ヘマタイトという名は、
ベンガラ（赤鉄鉱の粉末化したもの）のように
鉱石がしばしば赤色であることから、
ギリシア語の「血」に由来しています。
赤鉄鉱は顔料としても
よく用いられています。

スイス産

「イタビライト」（研磨標本）
イタビライトは、酸化鉄鉱物
（磁鉄鉱、赤鉄鉱、マータイト）を主とする
変成岩の一種。
ブラジル ミナスジェライス州イタビラ産

分類	化学組成	晶系	色	条痕	光沢	硬度	比重	劈開
酸化鉱物	Fe_2O_3	菱面体	鉄黒、銀灰	赤褐	金属	5^+	5.3	なし

チタン鉄鉱

ilmenite［イルメナイト］

火成岩に、副成分鉱物としてごく普通に含まれます。
また、変成岩にも含まれることがあります。
小片は強い磁石に反応します。赤鉄鉱によく似ていますが、
赤鉄鉱は条痕色が赤く、また、磁石に全く反応しません。

カナダ産

分類	化学組成	晶系	色	条痕	光沢	硬度	比重	劈開
酸化鉱物	$FeTiO_3$	菱面体	黒	黒	金属	5^+	4.7	なし

錫石 cassiterite［キャシテライト］

短柱状結晶、またはそれらが双晶して輪になったようなものも見られます。
また、針状結晶が緻密に集合して塊状になることもあります。
風化に強く、砂礫中によく残っています。錫のもっとも重要な鉱石鉱物です。

茨城県東茨城郡城里町
高取鉱山産

木錫石
マレーシア産

分類	化学組成	晶系	色	条痕	光沢	硬度	比重	劈開
酸化鉱物	SnO_2	正方	褐	淡褐	金剛	6^+	7	なし

岩塩 rock salt［ロックソルト］、halite［ハライト］

塩化ナトリウムの鉱物です。海水が内陸に閉じ込められたり、
砂漠にある塩湖で、水分が蒸発して塩分が濃縮し、結晶化したりしてできます。
アメリカのデスヴァレーやボリビアのウユニ塩湖では、現在でも岩塩を見ることができます。
地層中で岩塩栓（がんえんせん）または岩塩ダイアピルと呼ばれる盛り上がった構造をつくります。
産地や地層によって青色・桃白色・鮮紅色・紫色・黄色などのさまざまな色をしています。
湿度の高い環境下では結晶が空気中の水分を吸収して溶けやすくなります。

ポーランド産

毛状結晶
アメリカ カリフォルニア州産

分類	化学組成	晶系	色	条痕	光沢	硬度	比重	劈開
ハロゲン化鉱物	NaCl	立方	無	白	ガラス	2	2.2	三方向

蛍石［螢石］

fluorite［フローライト］

ハロゲン化鉱物の一種です。
鉱物の内部に入り込んだ不純物によって
黄・緑・青・紫・灰・褐色などを帯びます。
加熱すると発光することが特徴です。
また、不純物として希土類元素を含むものは、
紫外線を当てると蛍光を発します。
蛍石は、古くから鉄鉱石を溶かすために使う
融剤として用いられてきました。
現在では、望遠鏡やカメラ用のレンズのような
高級光学レンズ材として
用いられることもあります。

メキシコ産

韓国江原道 池洞鉱山産

新潟県三川村 五十島鉱山

分類	化学組成	晶系	色	条痕	光沢	硬度	比重	劈開
ハロゲン化鉱物	CaF_2	立方	無、緑、紫、青	白	ガラス	4	3.2	四方向

さまざまな蛍石の姿

同じ鉱物でも、
多種多様な姿を見せてくれます。
造鉱鉱物では、
蛍石を取り上げてみましょう。

イギリス産

ロシア産

新潟県東蒲原郡下条村 五十島鉱山産

メキシコ産

アメリカ合衆国イリノイ州産

ロシア産

韓国江原道 池洞鉱山産

重晶石

barite［バライト］

熱水鉱脈や堆積岩、変成岩に広く分布するバリウムの硫酸塩鉱物です。
低～中温鉱床の脈石鉱物として産し、温泉や黒鉱鉱床にも伴います。
菱型あるいは四角形の厚板状結晶を呈しますが、
写真のように、一方向に長く伸びることもあります。
薄い板状結晶が集まってバラの花のようになる「砂漠のバラ」も知られています。
塊状・粒状・針状・鍾乳状など、いろいろな形でも産します。
無色透明でありながら、比重が大きいのが特徴です。
バリウムの重要な鉱石鉱物で、
掘削泥水の加重剤やレントゲンの造影剤などに
利用されています。

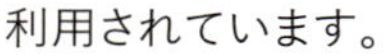

アメリカ合衆国コロラド州産　　中華人民共和国江西省産

分類	化学組成	晶系	色	条痕	光沢	硬度	比重	劈開
硫酸塩鉱物	$BaSO_4$	直方	無、白	白	ガラス	$3\sim3^+$	4.5	一方向

燐灰ウラン石

autunite［オーチュナイト］

板状または鱗片状の小さな結晶が
集合して生じています。
このため、ウラン雲母ともいわれます。
まれに、四角薄板状の結晶になります。
ウラン鉱床の二次鉱物として、
またペグマタイトに産します。
紫外線を当てると、
黄緑色の顕著な蛍光を発します。
ウランの主要な鉱石鉱物です。

アメリカ合衆国ワシントン州産

分類	化学組成	晶系	色	条痕	光沢	硬度	比重	劈開
燐酸塩鉱物	$Ca(UO_2)_2(PO_4)_2・10\sim12H_2O$	正方	黄、淡緑	淡黄	ガラス	2^+	3.2	一方向

てつじゅうせき
鉄重石

ferberite［フェルベライト］

黒色で重い鉱物です。
普通板状の結晶形で産しますが、
非常に薄いものから
厚いものまであります。
従来は鉄マンガン重石と
呼ばれていましたが、固溶体の
いわゆる「50% ルール」によって、
鉄に富む鉄重石と
マンガンに富むマンガン重石とに
整理されました。
しかし、例えば高取鉱山産のこの鉱物は、
両者が細かな成長累帯構造を
呈していることなどから、
単純に端成分扱いするのは好ましくない、
と筆者は考えています。
条痕色は鉄とマンガンの量比で
黒〜黒褐色から赤褐色に変化しますが、
これにも、微細構造を
考慮する必要があります。
タングステンの主要な鉱石鉱物です。

島根県仁多郡奥出雲町 小馬木鉱山産

茨城県東茨城郡城里町 高取鉱山産

分類	化学組成	晶系	色	条痕	光沢	硬度	比重	劈開
タングステン酸塩鉱物	$FeWO_4$	単斜	鉄黒、褐黒	褐黒〜帯赤褐	亜金属	4.5	7.5	一方向

かいじゅうせき
灰重石

scheelite［シェーライト］

粒状・塊状で産するほか、
四角錐状の結晶としても見られます。
無色透明であることも多く、
石英中に産する場合は両者を識別し難いことがありますが、
紫外線を照射すると強烈な青白い蛍光を発します。
パウエル石（$CaMoO_4$）成分が含まれていると
黄緑色の蛍光を発するといわれています。
鉄重石とともに、
タングステンの主要な鉱石鉱物です。

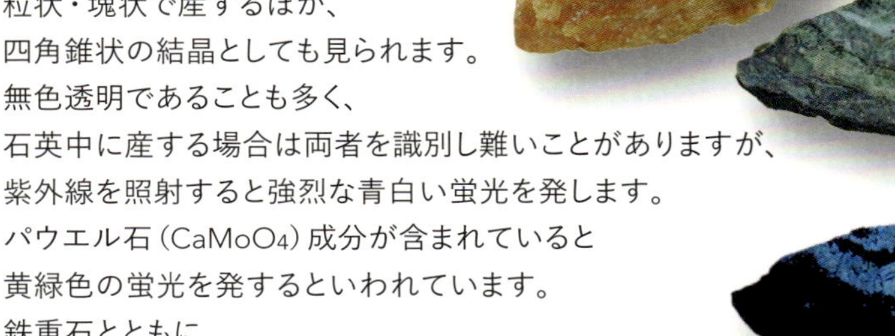

京都府船井郡
鐘打鉱山産

福島県いわき市四倉
八茎鉱山産

⊙ 蛍光写真の
光っている部分が灰重石。

分類	化学組成	晶系	色	条痕	光沢	硬度	比重	劈開
タングステン酸塩鉱物	$CaWO_4$	正方	白、黄	白	金剛	5	6.1	一方向

不思議な鉱物

鉱物の変わった特徴

鉱物も岩石も種類が多く、中には変わった特徴をもったものもあります。ナイフで薄くはがれる雲母や、熱するとニンニクのような臭いのする葱臭石などもあります。ここではそんな変わった特徴をもつ鉱物をいくつか紹介します。

熱すると光を出す鉱物

蛍石の粉を火の中に入れると、青白い光を出します。これが蛍石の名前の由来です。夜に光りながら飛ぶ蛍に似ているから、ということでしょう。燃えているわけではなく、炎からエネルギーをもらって光っているのです。熱を加えると光を出すこのような性質を「熱ルミネッセンス」と呼んでいます。

蛍石

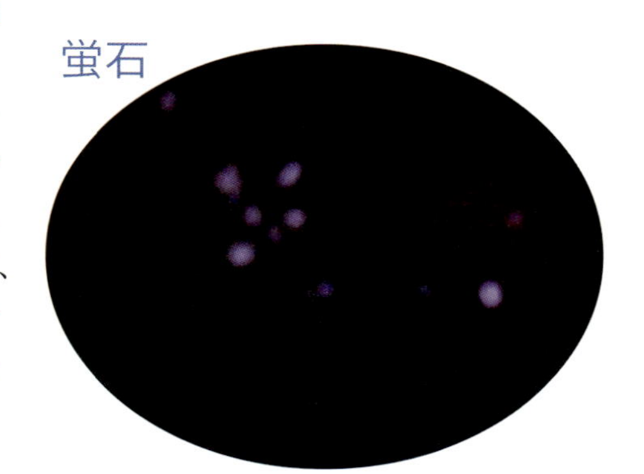

青白い光を放つ蛍石

熱すると音を出す鉱物

食塩の結晶である岩塩をフライパンなどで熱すると、ぱちぱちとはじける音がします。これは、加熱によって結晶が膨張したり、ゆがんだりして、割れるときに音が出るためです。結晶中に含まれている水分が関係しています。このような現象は、「デクレピテーション」と呼ばれています。

岩塩

熱すると伸びる鉱物

花崗岩が風化してできた真砂土の中に、褐色～金色をした、六角形の板状～柱状の結晶が入っていることがあります。これを蛭石といい、層状に薄くはげる性質があります。花崗岩の黒雲母が地表で風化するとき、カリウムを失い、水分を取り込んで二次的にできる鉱物です。

ピンセットでつまんで炎などで熱すると、10倍以上の長さにまで伸びます。結晶の層の間に入った水分子が熱せられて水蒸気となるとき、層の間を押し広げるためです。まるで蛭が動いているようです。いったん伸びた蛭石は、冷やしてももとには戻りません。

伸びた蛭石は、軽く、保温性・耐火性・保水性があり、「バーミキュライト」という名前で、土壌改良材や建築材、使い捨てカイロの原料などに利用されています。

蛭石

熱する前の蛭石

熱して伸びた蛭石

南アフリカ共和国トランスバール パラボラ鉱山産

見る方向によって色が変わる鉱物

菫青石は、観察する角度によって、色が群青色から淡い枯草色に変わります。これは菫青石の多色性（結晶の方向によって光の吸収伝達が変わることから、色が変わってみえる性質）が非常に強いことによって起こります。宝石としては「アイオライト」と呼ばれています。

菫青石は、高温低圧型の広域変成岩や接触変成岩、特に泥岩を起源とするホルンフェルスに見られるほか、花崗岩にも含まれることがあります。

菫青石は六角柱状結晶が分解すると、その形を残したまま白雲母や緑泥石に変化することがあります。その後、岩石が風化すると、結晶が分離して断面が花びらのように見えることから、「桜石」と呼ばれます。

京都府亀岡市稗田野町の「稗田野の菫青石仮晶」は、1922年、国の天然記念物に指定されました。

菫青石

カナダ オンタリオ州
マニタウワッジ ジェコ鉱山産

光源によって色が変わる鉱物

金緑石（chrysoberyl［クリソベリル］）は酸化鉱物の一種です。ペグマタイトや変成岩中に産します。金緑石の変種には変わったものがあります。その1つアレキサンドライトは、太陽光の下では緑色、電灯などの光の下では紫色に見えます。これは、この鉱物が特定の波長の光を吸収することによって起こります。「キャッツアイ（猫目石）」も金緑石の変種で、研磨によって明るい光の筋が見えるようになります。

金緑石

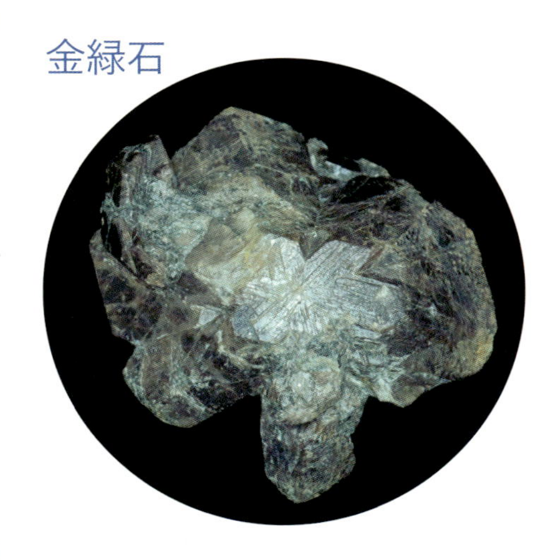

物が二重に見える鉱物

方解石（calcite［カルサイト］）は、炭酸塩鉱物の一種です。組成は炭酸カルシウム（$CaCO_3$）。特に無色透明な自形結晶のものは氷州石（iceland spar［アイスランドスパー］）と呼ばれています。

氷州石の結晶を通して向こう側を見ると、像が二重に見えます。これは、「複屈折」という現象で、多くの鉱物がもっている性質ですが、方解石ではこれが特に著しいのです。

氷州石

物が浮き出て見える鉱物

光がまっすぐ進んでいく鉱物は、特別めずらしくはありません。蛍石でもダイヤモンドでもそうです。ところが、曹灰硼石（ulexite［ウレックサイト］［ユレキサイト］）は、透明な繊維状結晶の平行集合体であり、光を一方向に平行に進める性質をもっています。そのため、結晶の下にある物の形が結晶表面に浮き出たように見えます。このことから、「テレビ石」（TV rockまたはTV stone）とも呼ばれています。

曹灰硼石

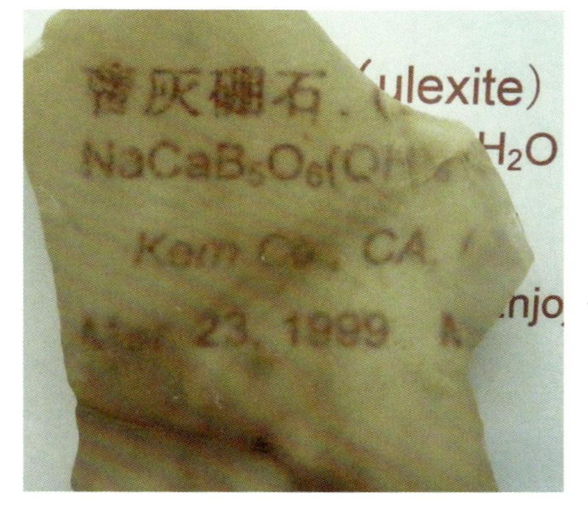

結晶面によって硬さが異なる鉱物

藍晶石（kyanite［カイヤナイト］）は非常に硬い鉱物です。多くの鉱物は、硬さが方向によって異なる性質をもっています。ダイヤモンドの加工も、この性質を利用しておこなわれています。しかし、藍晶石はこの違いがきわめて大きい、めずらしい鉱物といえます。

藍晶石と同じ化学組成をもつ多形鉱物（同じ性質で異なる形をもつ鉱物の関係）として紅柱石と珪線石があります。藍晶石は、高圧下で生成した結晶形です。

藍晶石

ブラジル ミナス ジェライス カペリニャ産

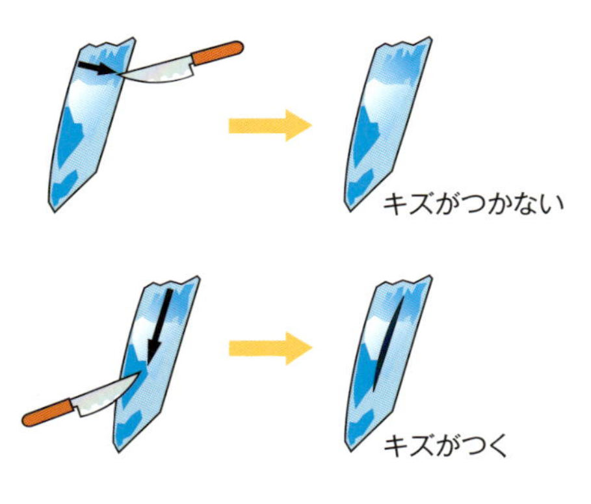

藍晶石は、硬くてキズがつかない方向もあれば、簡単にキズがつく方向もある。

食べられる鉱物

これは性質というよりも、利用方法かもしれません。岩塩は、動物にとってとても大切な栄養源です。牛や鹿などの動物が塩を舐めることはよく知られています。

人間は塩だけを食べるわけではありませんが、食事に塩分がないと美味しくないし、養分が取れないでしょう。日本は海に囲まれていて、塩は海から取りますが、国によっては蒸発作用でできた塩の層を利用しているところもあります。

食べる鉱物というのはあまり多くありませんが、栄養源ということからみれば、ミネラルという形で私たちはいいろいろな鉱物を体内に吸収・摂取しているのです。

岩塩

鉱物が中にある鉱物

鉱物が、純粋に1つの成分だけからできていることはめずらしいことです。多くの鉱物が、さまざまな形でいろいろな不純物を含んでいます。それは結晶が成長する間に、ほかの鉱物や、ときには同じ鉱物を内部に閉じ込めることによって起こります。

結晶の中に、針金のようなルチルの結晶や繊維のような結晶が入っていると、「針入り結晶」や「繊維入り結晶」と呼ばれます。角閃石や電気石などの細かい鉱物が入って、草のように見えるものは「草入り結晶」といいます。緑色の細かい結晶の集合体が入っていると、「苔入り結晶」、水やガスが閉じ込められていると、「水入り結晶」や「泡入り結晶」と呼ばれます。結晶や水などの不純物が集まって、昔の結晶の輪郭を残していることもあります。

これらの不純物は、結晶の完全性という点からみると、理想的な形ではありません。しかし、これらがはっきり見えるものはむしろめずらしく、コレクターもいます。何よりもこのような異物は、鉱物が生成したときのようすや歴史を解き明かすためのとても大切な情報なのです。

水入り水晶

水やガスが結晶の中に
閉じ込められた水晶。
水晶の中で昔の熱水が水と泡に
なっているのがわかる。

ゴースト水晶

水晶の中に昔の水晶の形が見え、
それが幽霊のようであることから、
「ゴースト水晶」と呼ばれている。
途中までできあがった結晶が、
続けて成長してできている。

日用品に用いられる鉱物

滑石は、とてもやわらかい性質をもっています。粉末にしてチョークやマーキング用に用いられるほか、ベビーパウダー、化粧品類、医薬品などへの混ぜ物や増量剤に用いられています。また、漢方薬にも配合されています。

純粋な方解石を細かくした粉は、カルシウムの補強剤として、健康食品や食品添加物、医薬品に用いられています。また、歯磨き粉や化粧品にも使われています。

コラム

カンカンと音のする石

讃岐岩（sanukite［サヌカイト］）は、とてもきめ細かな古銅輝石安山岩のことです。香川県坂出市国分台周辺や奈良県二上山周辺で採取されるものが有名です。讃岐は香川県の昔の呼び名です。硬いもので叩くと高く澄んだ音がするので、「カンカン石」とも呼ばれています。

古代には、石器の材料として使われ、打製石器、磨製石器に加工されて使われていました。そのため、黒曜岩などと同様に古代の人々の遺物として、産出地から離れた遠方でもサヌカイトの破片が発見されています。今でも、玄関のベルの代わりに使われたり、「石琴」などとしてコンサートに使われたりしています。

サヌカイトでつくられた石琴

コラム

花崗岩と真砂（まさ）

花崗岩は、地下深所、すなわち高温高圧の環境下で生成し、やがて押し上げられて地表にあらわれた岩石です。例えば10kmほどの深さだと、圧力は3000気圧、温度は800–1000℃程度にもなります。そのような環境から現在の地表まで移動すると、構成鉱物の内部や境界にかかっていた圧力が解放され、収縮やひずみに起因するズレが生じてきます。こうして、花崗岩は次第に変形し、崩れていきます。

地表近くでは、熱水や地下水の影響によって構成鉱物が溶け出したり、変質したりして、その様子を変えていきます。例えば、構成するカリ長石が絹雲母などの粘土鉱物に変わっていきます。花崗岩地域に焼き物の里が多いのはこのためです。

地表に出ると、太陽熱で温められたり雪で冷やされたりなどして、膨張収縮を繰り返し、鉱物が分離したり壊れたりします。地表にはたくさんの生物も生息しています。植物の根は狭い割れ目に入って、それを押し広げます。石割桜などが有名ですね。蟻やミミズなどの小動物も、動き回る過程で岩石や鉱物を細かくしていくでしょう。寒くなり地中の水分が凍れば、岩石を細かく破壊する方向に働きます。これらの過程が風化と呼ばれます。

他の岩石もそうですが、花崗岩では特にこれが顕著で、いくつもの現象を生み出します。花崗岩塊には、冷却や外からの圧力に応じていろいろなひびや亀裂が入ります。このような割れ目がずれると断層になりますが、ずれないときには「節理」と呼びます。割れ目は一種の毛細管のように働いて地下水を招き入れ、それが風化を促進させます。そして割れ目から徐々に内部へと侵攻します。ついには、このような風化地帯で一部の花崗岩が玉状に取り残されて、周りがボロボロの砂礫になってしまうほどです。そのボロボロの部分を「真砂」と呼んでいます。中央の玉石は庭石や鋳石などに、真砂は砂利などに活用されています。

真砂そのものは、花崗岩からその一部が溶け出したものですが、それ以外の大方の鉱物が壊されずに残っています。鉱物が岩石を構成していた状態で残っているのです。硬い岩石からだと取り出すのが難しい鉱物ですが、このような理由から、小さいながらも形のよい、ジルコンや燐灰石の結晶を得ることができます。

真砂化した花崗岩と捕獲岩（福島県郡山市）

第4章 フィールドワークに出かけよう

どの書物でも図鑑でも、実体のほんの一部しか伝えません。
画面の中の映像は、綺麗でもバーチャルに過ぎません。
実物を見ることです。
博物館も多くの知識と感動を与えてくれますが、
自分で発見・観察するときの興奮は、格別なものです。
さあ、野外に出て、「石」を見てみましょう!
鉱物や岩石は、あなたが語りかけるのを待っています。
地球46億年の歴史を秘めた「石たち」です。
(ただし、危険を避け、ルールとモラルを守るようにして……)

石を4次元で見る

石の方向と時間軸

フィールドワークの紹介を始める前に、1つ心に留めておいてほしいことがあります。それは、石を4次元で見る、ということです。図鑑ページでお気づきになったと思いますが、たとえ同じ岩石・鉱物であっても、その形や色、模様はさまざまです。見かけの姿に惑わされずに本質を知るため、観察するときに意識したいのが「方向」と「時間」です。

まず、方向によって岩石・鉱物の見え方や性質は異なります。

メキシコ産の水晶を例に見てみましょう。

下の写真Aは、水晶の結晶をc軸（⇨61ページ）方向から見た様子、写真Bは、同じ結晶をc軸に直角な方向から見た様子です。全く違って見えますね。結晶の格子の構造は1つの鉱物で決まっていますが、そのつながりの様子はさまざまに変わります。そのため、結晶によって細長い結晶になったり、短い結晶になったり、ときには細い繊維状になったりします。同じ産地でも、できるときの状況によって変わることがあります。また、結晶面の発達する様子が違うため、面の形や大きさが一様でなく、その結果、対称形からずれたり、説明のしにくい形になったりもします。

中心部分が結晶の先端、ついでその下の、断面が三角形の部分、そしてその下、根元に近いほうの六角形の部分です。すなわち、この結晶は低温型石英で、結晶系は三方晶系、それが三角形の部分にあらわれています。鉱山などでは、水晶は「六方」と呼ばれています。この写真では、三角形の隣り合う面の間に、それぞれ同じような面が発達して、あたかも六方晶系であるような形状をつくり出しているのです。

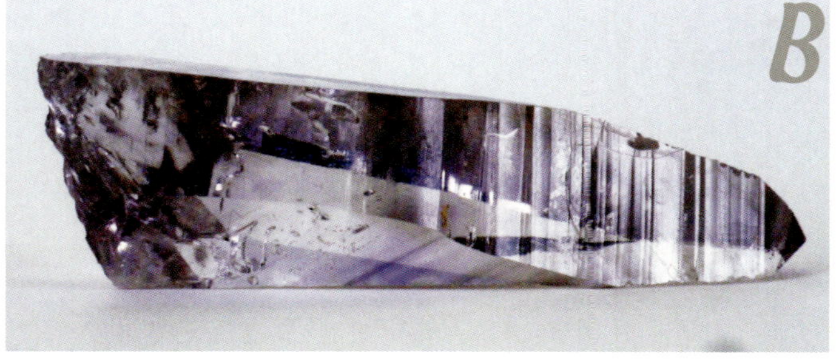

Aの結晶をc軸に直角な方向から見た様子です。c軸に直角な無数の平行線は条線です。この条線をつくる面がなす角度は「面角一定の法則」によくしたがっています。これらが、この結晶の内面の構造や固有の晶癖（外観の形状）を示しています。

岩石についても同様のことがいえます。例えば、ある岩石の中に別の岩石が入り込んでいるとします。このような現象は普通にあることで、母岩中に「捕獲岩」として取り込まれたり、「岩脈」や「鉱脈」として入り込んでいたりします。母岩中に鉱脈があれば、見る方向によって、その入り方や規模が変わって見えることがわかります。このようなことは、地下の構造を調査したり鉱床を探査したりする場合にとても重要なことです。

ロシア産のある種のスカルンを例に見てみましょう。下の写真Aは、縞状スカルンに属するある岩石を、成長縞が横になるように見たものです。写真Bは、同じ岩石を直角方向から見たものですが、全く違って見えます。このように、方向によってどのように見えるのか、すなわち3次元的にどうなっているかを知ることはとても大事なことです。

すでに明らかですが、もう1つの次元は時間です。現象が起きる前、現象が生じたとき、その後の変化、などです。時刻とともに、かかった時間(インターバル)を合わせて考えるのもよいでしょう。そこでどのような事件があり、どのように証拠が残っているか、どのくらいの時間内に起きたのか、ということを探っていくのです。もちろん、証拠が消えてしまったり、いくつもの状況が考えられたりと、それだけでは証明できないこともあるでしょう。これは1つの推理小説のようなものです。

鉱物の成長の機構、したがって岩石の生成する様子は、その周囲に、いつ、どのような物質や環境があったのかの一端を教えてくれます。岩石や鉱物そのものが、昔の環境の指標であるわけです。残念なことに、時間が経つにつれて、また、著しい影響が加わることによって、多くの現象や証拠が変化し、消されていきます。せっかくの情報が失われていきますが、これも自然なことです。例えれば、天災や人災によって人間の歴史の貴重な情報が失われていくのに似ています。しかし、新たに開発された手法・考え方も加えながら、残された情報から推理・考察し、確かな考え方や結論に到達する努力が続けられています。

石の見方例❶

下の写真は、ある岩石のかけらを磨いたものです。(a)→(b)→(c)と堆積して生じた堆積岩のようにも見えます。しかし、調べた結果、(a)と(c)の部分は、花崗岩であることがわかりました。性質もほとんど同じです。花崗岩には方向性があまりないのでわかりにくいのですが、この延長上で、(b)が折れ曲がって見える箇所があり、そこでは(a)と(c)がジグソーのようにうまく繋がることがわかりました。そこで、もともと1つだった(a)と(c)に割れ目が生じて(b)が後から入り込んだ、ということが推定されます。

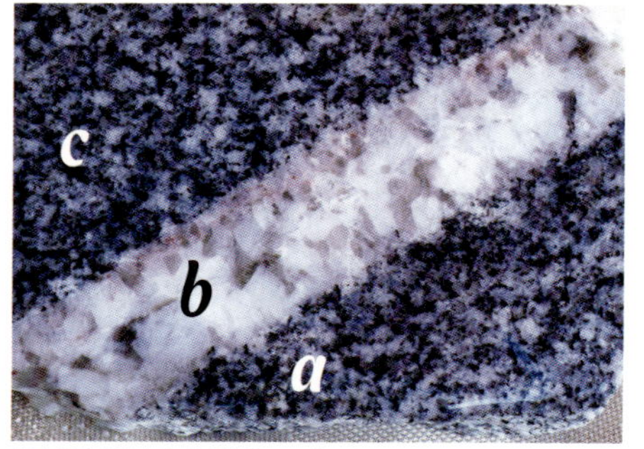

茨城県桜川市真壁産ペグマタイト

この岩石は規模が小さいのであまりはっきりしませんが、(b)の端のほう、すなわち、(a)と(c)に近い部分では結晶の大きさが小さく、中央部分ではより大きくなっています。高温で入ってきた溶融体が、より低温の母岩(a)と(c)に接し、周辺ではより急速に、中央部分ではより緩慢に結晶化していったものでしょう。規模の大きなものは厚さが数mから数10mになることもあり、成長の状況に応じて見事な累帯構造をなすことがあります。

このような溶融体がどのようなものであったのか、温度や粘性、化学組成については、(b)の構成鉱物の中に取り残されたマグマの残留物(包有物)を調べることによって、明らかにされつつあります。このような機構で生成した岩石(b)はペグマタイト(母岩が花崗岩でその一部から生成されたとみなされるときには、巨晶花崗岩)と呼ばれ、各種の鉱物の資源となっています。

石の見方例❷

次の写真はある金鉱脈の一部で、母岩との境界に直角に切断した標本です。ペグマタイトと同様に、母岩壁から結晶が中央部分に成長しているのが見てとれます。初めは狭かった割れ目が、さまざまな力により徐々に隙間を広げていったのでしょう。小さな割れ目が無数に生じることや、大きなものでは厚さが数mから十数mにも達することも知られています。きっと母岩の割れ目が壁になり、母岩中の結晶を核として、あるいは、その上に生じた核を中心に、順次重なる様にして結晶化し、このような縞状・被殻状の成長がなされたのでしょう。

縞構造は、石英などの珪酸塩鉱物がつくる白い部分と、金属の単体や硫化物の集合体がつくる黒い部分とが順次繰り返して重なるように積み重なっています。鉱化媒体がこの割れ目の中を通っていく過程で、物理化学的な環境条件に応じて鉱物を順次析出したため、このような構造ができたのでしょう。

鉱化媒体はペグマタイトと違い、もっと温

度の低く、粘性の小さな、したがって密度も小さい熱水溶液であったことがわかります。これは実験によって、これらの鉱物中に残されている包有物がそのような性質を示すことから推定されています。例えばこの鉱石の場合、およそ350度、圧力は1000気圧程度、密度は0.7程度といった具合です。媒質の化学組成は大半がH_2Oで、少量のNaClやKClなどを伴います。ときには、特徴的に高い濃度で塩化物や炭酸塩を含んでいたり、大量の二酸化炭素を含んでいたりします。これらの性質の違いは、析出している金属鉱物(例えば自然金や黄銅鉱など)の生成する条件や、鉱化媒体を生じた起源物質の起源や変遷を推定するのにも大きく役立っています。

群馬県利根郡片品村 根羽沢鉱山産　金銀鉱石

石の見方例③

右の写真は、ある鉱山の下流域の川にあった岩石です。白い部分は粗粒の方解石からなっています。地域の地質から見て、もともとあった石灰岩が高温のマグマとの接触によって熱変成作用を受けて晶質石灰岩(いわゆる大理石)になったのでしょう。

この岩石に生じた割れ目を伝って入ってきた鉱化媒体は、強い酸性のもので、周囲の炭酸塩鉱物を溶かしながら、その隙間に次々と鉱物を析出させていったようです。この標本では、柘榴石、ヘデン輝石、珪灰石などの結晶が、母岩側に向かって成長しています。少量ですが、閃亜鉛鉱、黄鉄鉱、などの金属鉱物も晶出しています。このようにして母岩の岩石が後からの鉱物に置き換えられていくことを「交代作用」と呼んでいます。母岩は石灰岩に限らず、他の堆積岩や火成岩のこともあります。

固体の結晶からなる岩石を貫くようにして成長していく様はなんとも不思議ですが、考えてみると、溶液の中に成長していく石英のような結晶も、気体の中に伸長する食塩などの結晶も、周囲の場を突き破り置き換えていくという意味では類似の現象かもしれません。ある種の変成岩の中に生じる磁鉄鉱や紅柱石などの変晶も、その生成機構は似ているといえるでしょう。

埼玉県秩父市秩父鉱山産スカルン鉱石
白色の部分は石灰岩が熱変成した晶質石灰岩。
緑色の部分はヘデン輝石。
褐色の部分は灰鉄〜灰礬柘榴石。
後2者が前者を交代して生じている。

岩石・鉱物産地マップ

日本の岩石産地

この地図は、日本の代表的な岩石産地と、そこで見られる岩石の種類を示しています。日本の岩石の種類はたいへん多く、露頭もたくさんあります。ここにあげたのは、そのほんの一部です。堆積岩、変成岩、火成岩それぞれについて代表的なものをあげてあります。岩石の正式名称は、性質や含まれている鉱物を示すように付けられています。

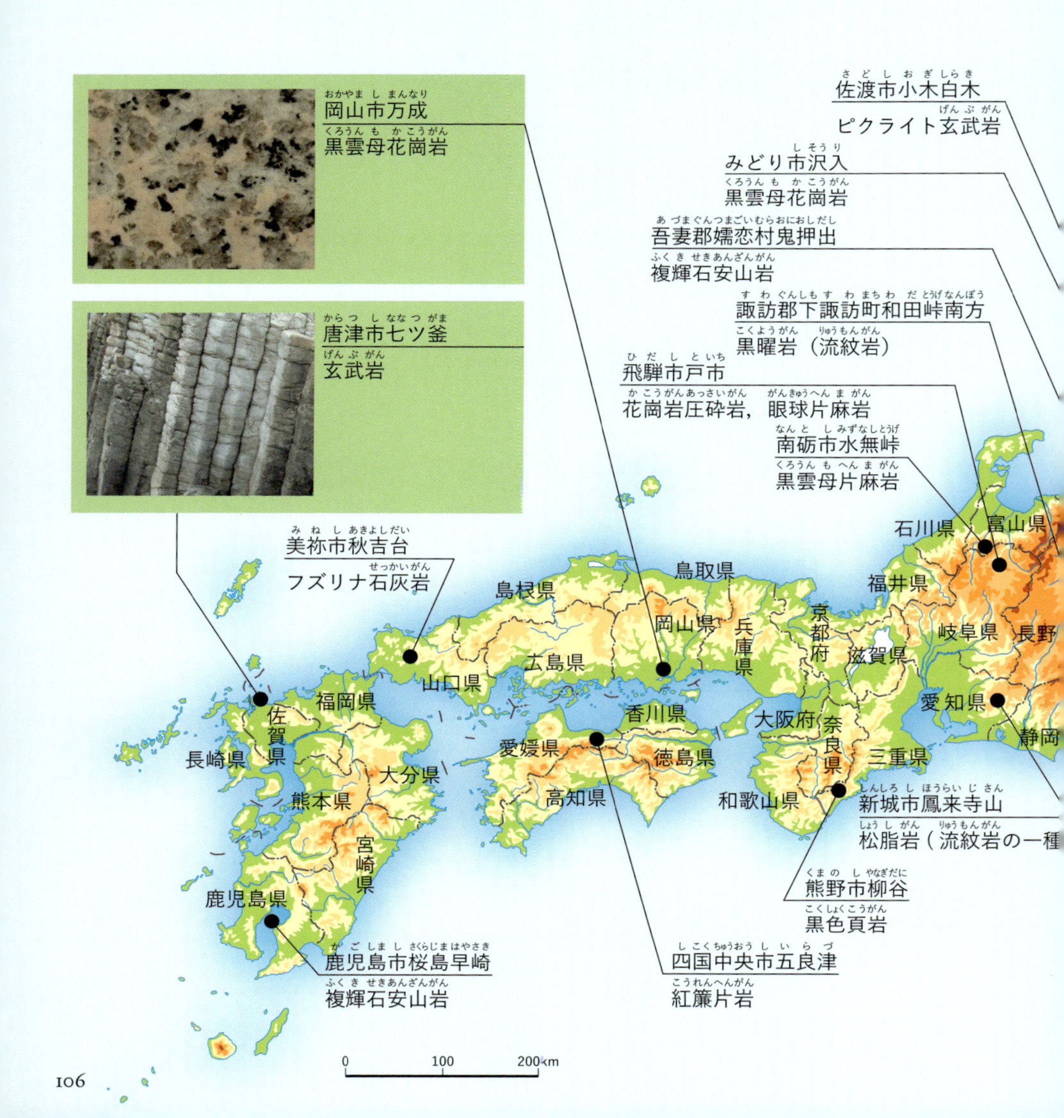

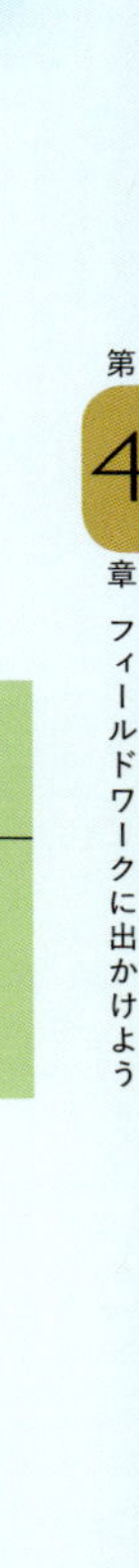

（上段）市町村
（下段）岩石の種類
北海道
有珠郡壮瞥町
有珠山
デイサイト
男鹿市三ノ目潟
スピネル複輝石
橄欖岩
青森県
秋田県
岩手県
気仙郡住田町母衣下山
晶質石灰岩（大理石、マーブル）
山形県
登米市北沢
黒色粘板岩
宮城県
宇都宮市大谷町
緑色凝灰岩
新潟県
福島県
笠間市稲田
黒雲母花崗岩
栃木県
つくば市北条
複雲母花崗岩、ホルンフェルス
茨城県
千葉県
神奈川県
足柄上郡山北町
トーナル岩（花崗岩の一種）
足柄下郡真鶴町
複輝石安山岩
新島村
石山村営採掘場
黒雲母流紋岩
（抗火石）
東京都
小笠原
沖縄県

日本の鉱物産地

この地図は、日本の鉱物産地や、昔、鉱山があったところ、そしてそこで見られた鉱物の一部を示しています。日本にもたくさんの鉱物を採掘していた時代がありましたが、大部分の鉱山はすでに閉山して仕事を止めています。鉱山があった場所のずり場やその下流の河原では、鉱山から流れてきた鉱石のかけらを今でも見つけることができます。

秩父市秩父鉱山

磁鉄鉱、黄鉄鉱、黄銅鉱、緑簾石、灰鉄輝石、燐灰石、閃亜鉛鉱、方鉛鉱、磁硫鉄鉱、石膏、自然金、針鉄鉱、方解石、灰礬柘榴石、バラ輝石

糸魚川市橋立

ヒスイ輝石、奴奈川石、青海石、硫酸銅

北杜市増富鉱山

硫砒銅鉱、ルソン銅鉱、コベリン、白鉄鉱、黄鉄鉱、重晶石、胆礬

小県郡長和町和田峠

満礬柘榴石、黒曜岩、鱗珪石

西海市鳥加郷

磁鉄鉱

中津川市苗木

水晶、碧玉、オパール(蛋白石)、正長石、斜長石、玉滴石、電気石、蛍石、鋼玉、黄玉、方解石、黒雲母、白雲母、苗木石、

甲府市水晶峠

水晶、黄鉄鉱

加茂郡河津町菖蒲沢海岸

自然金、モルデン沸石、束沸石、菱沸石、瑪瑙

指宿市開聞川尻

橄欖石

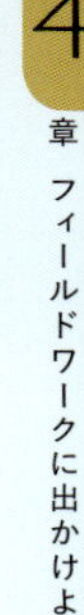

第4章
フィールドワークに出かけよう

（上段）市町村
（下段）鉱物の種類
北海道
仙北市田沢湖
高温石英
青森県
陸前高田市玉山鉱山
水晶
秋田県
岩手県
仙台市郷六
高温石英
山形県
宮城県
石川郡石川町石川山
コルンブ石、サマルスキー石、鉄電気石、白雲母、緑柱石、ゼノタイム
新潟県
福島県
常陸太田市妙見山
リチア電気石、リチア輝石、鱗雲母、モルガン石、モンブラ石
栃木県
馬県
鴨川市嶺岡林道
ゾノトラ石、ペクトライト、霰石、斜灰簾石、楔石、チタン鉄鉱、透輝石
埼玉県
茨城県
東京都
千葉県
神奈川県
足柄上郡山北町丹沢
ベスブ石、透輝石、珪灰石、菱苦土鉱、緑簾石、
斜灰簾石、灰鉄柘榴石、灰礬柘榴石、
菫青石、魚眼石
八丈島
灰長石
東京都
小笠原
沖縄県
0
100
200km

緑色凝灰岩（大谷石）

栃木県宇都宮市

栃木県宇都宮駅の北西方約7kmの大谷町一帯には、淡緑から緑白色の岩石が多産します。この岩石は「緑色凝灰岩（green tuff）」で、この地域のものは特に「大谷石」と呼ばれ全国的によく知られています。大谷町付近では、東西8km、南北37kmにわたって、地下200–300mの深さまであることが確認されています。この町の地下が全部この岩石だといってもいいですね。このうち厚さ30m程度の上下層と185m程度の中部層が建築素材として特に良質で、盛んに採掘されています。

大谷石の塀（早稲田大学南門）

高温型石英

大谷石採掘跡遠景

性質と用途

凝灰岩は火山灰が凝り固まってできた岩石で、その起源から火山岩ともいえます。しかし、降り積もる現象などから見て、研究者によっては堆積岩に分類しています。緑色凝灰岩は、火山灰が海中で堆積し固結したものです。緑色を呈するのは、岩石に含まれる輝石・角閃石などが熱水変質により緑泥石に変化したため、また、海水中の硫酸イオンが着色の原因ともいわれています。

もともとが火山の噴出物なので、耐火性に優れています。降り積もった灰なので重量が軽く、やわらかく、容易に加工できます。このため、古くから住宅・倉庫・防火壁・石塀・石垣などの建材（建築素材）として使用されてきました。帝国ホテル（現在は玄関部分が博物館明治村に保存）や宇都宮カトリック教会、神奈川県立近代美術館などが有名です。

地球史を読み解く

この岩石は、日本列島の大半がまだ海中にあった新生代新第三紀中新世（およそ1500万年前）に、海底火山活動によって噴出した大量の火山灰や砂礫が海水中に沈殿して、それが凝固してできたものとされています。このため、日本海の形成・拡大と密接な関係があるとする説があります。北海道西部から東北地方の日本海沿い、そして伊豆半島に向かう大ベルトをつくっています。このゾーンは「黒鉱ベルト」とも呼ばれ、北鹿の黒鉱鉱床や石油鉱床の起源との関係が議論されています。

ほかで見られる場所

宇都宮市大谷で産する石材を大谷石と呼びますが、この岩石自体は日本中に広く分布しています。北海道の「札幌軟石」、秋田県大館市の「十和田石」、静岡県伊豆市の「伊豆青石」などがよく知られています。したがって、大谷に行かなくても各地で観察することができます。また、塀や蔵の壁によく利用されているので、立ち止まって観察するのにも適しています。

ちなみに、火山灰が陸上で凝固すると、噴出物自身がもつ熱と重量によって一部が溶融し圧縮されてできた凝灰岩となり、「溶結凝灰岩（welded tuff）」と呼ばれます。長野県佐久市のもの（荒船山由来）や北海道上川町の層雲峡（大雪山由来）のものがよく知られています。後者では、高さ200mに及ぶ「柱状節理」の断崖を見ることができます。

錆石（甲州鞍馬石）　山梨県甲州市

JR中央本線下りで笹子トンネルを抜けると、甲斐大和駅に着きます。ここから北方に1km ほど行ったあたりから、花崗岩の風化地帯に入ります。もともと苦鉄質鉱物が多かったのか、風化でできた土砂は赤茶けています。雨の後などはぬかるんでいて、歩くのも大変です。おびただしい量の花崗岩真砂土をブルドーザーでかき分けて、内部から出てくる茶褐色を呈する球状の岩塊。これがこの地で採掘される錆石です。京都の鞍馬に産する本場の鞍馬石に対して、甲州鞍馬石と名付けられています。

真砂土中から採掘した「錆石」の表面

「錆石」の切断面。散点的に錆が生じている

錆石の文化

白色や桃色の艶やかな花崗岩を見慣れてきた目には、何ともおぞましい感じすらする岩塊です。錆びた石とは、よく名付けたものです。

石材商はこれを採掘して、石垣・手水鉢・上がり石・庭石・灯篭などに細工し、販売しています。石垣として、あるいは庭園や縁側の中にあると、いかにも侘びしく、落ち着いた清冽（せいれつ）な雰囲気を醸し出します。建物や床に用いる明るい色の岩石とは全く異なった趣きがあり、錆石の灯篭（古代灯篭とも）が日本庭園の中で佇んでいる姿は、さすがと思わせます。

きっと発見当初は使い道もないと嘆かれた代物だったのでしょうが、今ではこの落ち着いた雰囲気が買われ、高値で取引されているようです。

細工のために切断機で加工するのですが、内部にもこの錆色が斑点状に生じています。大きなものでは、加工後に錆色が目立ちませんが、風雨にさらしておくといつの間にか、適度のサビを生じるのだそうです。

ました。磁硫鉄鉱は鉄の硫化物、褐鉄鉱は鉄の酸化物です。その産状から判断すると、花崗岩の中に存在していた磁硫鉄鉱が、地表近くで酸素や水と出会い、その一部が酸化して褐鉄鉱が生じたようです。新しい切断面にやがてサビが生じるのも、そのようなプロセスでしょう。

ほかで見られる場所

他の産地の花崗岩でも、磁硫鉄鉱が見つかることがあります。もともとのマグマに鉱物成分が含まれていたのでしょうが、なぜ、花崗岩に磁硫鉄鉱が入り込むのでしょう。どのような原因によるのか、どのような形態で入り、どのように変化していったのか。これらは、マグマの性質、すなわちその地域性やその後の挙動についても、興味ある問題を提供しています。この手の錆石としては、京都府の鞍馬石（本鞍）と丹波石、岐阜県中津川市の蛭川（ひるかわ）錆石などが有名です。

サビが生じる理由

このサビはどのようにしてできるのでしょう。磁石を近づけてみると、サビの部分に反応があります。サビの生じていない有色鉱物が集まっているあたりも、磁石を引きつけます。それで、たいてい磁鉄鉱か磁硫鉄鉱だという見当がつきます。

次に、サビが表面に出ているところを研磨し、反射顕微鏡で観察してみました。すると、磁硫鉄鉱が存在しており、その一部が褐鉄鉱に変わっていることがわかり

玄武岩の柱状節理（ちゅうじょうせつり）　佐賀県唐津市

七ツ釜は、玄界灘に突き出た玄武岩の半島にあります。半島の西に玄海の荒波が激しく岸塊に打ち寄せ、穿（うが）ち削り、七ツ釜といわれる7つの海蝕洞が形成されました。大きい洞では、間口3m、高さ5m、奥行き110mもあり、満潮時には小船で中に入ることができます。また、貫通してトンネルになった洞もあります。前面は今では、海面から約40mの断崖絶壁になっています。

玄武岩の柱状節理。
六角柱が見事に並んでいる

玄武岩中の橄欖岩ゼノリス
（捕獲岩）

柱状節理から読み解く

七ツ釜の玄武岩は、表面にたくさんの割れ目が入った六角柱の岩がいくつも集まって、ハチの巣状になっています。これは柱状節理といわれるもので、溶岩が冷えて固まるとき、熱が逃げる方向と直角な面内に収縮してひび割れ、断面がほぼ正六角形の形になったものだと考えられています。冷却に際して均等に収縮すると、この形をとるといわれています。よく見ると、五角形や不等辺六角形のものもあるようです。

垂直に伸びたり、斜めに傾いたり、横倒しになったり、崩壊しかかったりなど、柱状節理の絶壁からは、溶岩の流出時の過程を推察することができます。岩を砕く荒波の衝撃とエネルギーは、現在も衰えることなく続き、8つ目の海食洞が形成されつつあります。

玄武岩から読み解く

この玄武岩は、新第三紀（約2.1～3.6万年前）に流出した新しいものといわれています。風化の進んだものでは、柱状節理がタマネギ状の模様を呈しているところもあります。ちなみに、ここ周辺は玄海国定公園の一部で、国の天然記念物に指定されています。この地域の東南方3km唐津市の湊地区には、「立神岩」という玄武岩の尖塔が2本、30mの高さに並んで屹立しています。周辺には、灰黒色の玄武岩からなる直径20–30cmの柱状節理が規則正しく並んでいます。

玄武岩の捕獲岩

これよりさらに南東方に6km先の高島には、玄武岩の中に橄欖岩の捕獲岩が観察されます。高島は白亜紀の花崗岩からなっていますが、この花崗岩を貫いて、鮮新世に玄武岩が噴出しています。この玄武岩はアルカリ玄武岩に相当しますが、この中に「ダナイト」という名で呼ばれる橄欖岩の捕獲岩があり、緑色のカンラン石、黒色の輝石を含んでいます。これは、上部マントル最上部からもたらされた「マントルゼノリス」とされています。

ダナイトは、マグマが関与した深部過程（マグマからの結晶集積、輝石を含む橄欖岩とマグマの反応など）で形成されると考えられていますが、その詳しい成因を特定するのはなかなか難しいことです。もっとも、上部マントルはモホロビチッチ不連続面（地表下6–60km）から660kmとされていますが、無論、その最上部のほうでしょう。いずれにせよ人類がまだ当分達することのできない深さからの岩石であり、非常に貴重な情報です。

緑丸が七ツ釜。赤丸が立神岩。
紫丸が高島玄武岩

粘板岩の露頭（小久慈石）　茨城県久慈郡

泥岩や頁岩などの泥質岩が広域的な圧密作用を受けると、再結晶作用がやや進み、岩石劈開が発達して薄くはげやすくなります（剥離性）。岩石劈開による剥離面は地層面（もともとの堆積面）と一致するとは限らず、圧密方向に垂直になる場合もしばしばあります。粘板岩の変成がさらに進むと千枚岩になります。

袋田の滝（茨城県久慈郡大子町）

粘板岩「小久慈石」、茨城県久慈郡大子町産

性質と用途

粘板岩の構成鉱物はおもに石英ですが、雲母・粘土鉱物・長石・赤鉄鉱・黄鉄鉱などが含まれています。もともとの堆積面ではなく圧密方向に垂直に薄くはがれます。

堆積岩と変成岩の境は、あまりはっきりとはしていません。構成鉱物の種類や時代によって、変成の程度もさまざまですし、人や業界によって、使われ方が異なることもあります。「どんな堆積物も、程度の差はあれ、変成作用を受けている」からと、堆積岩と呼ばず、変成堆積岩と呼ぶ人もいます。呼び名にはかなりの幅があるということになります。

昔は、石盤や学校の黒板に利用されました。その防水性・耐久性から、今でも屋根や床に使われています。また、絶縁性に優れるため、スイッチやモーターなどの電気材料に使われることもあります。日本では古くから、硯や砥石などの材料として、良質な粘板岩（または頁岩）を用いています。

茨城県大子町小久慈には、「小久慈石」という粘板岩が産出します。小久慈石は細かな黄銅鉱を含んでいて、このために墨のおりがよく、硯のほうは減らないといわれています。かつて、製品の硯を分けていただいた故星野岱石さんから、「この黄銅鉱が鋒鋩(ほうぼう)をつくり出し、また書の文字の黒色を深みあるものにする」と伺いました。この黄銅鉱には金が含まれているといいます。

粘板岩「鳳鳴石」製の硯、愛知県設楽産

ほかで見られる場所

そのほか、山梨県の雨畑硯、山口県の赤間硯、岡山県の高田硯、宮城県の雄勝硯、愛知県新城市門谷の鳳鳴硯などがよく知られています。三重県熊野市の那智の黒石も粘板岩で、碁石の黒石に使われています。生活用品としてだけでなく、その土地の文化の担い手でもあったわけです。

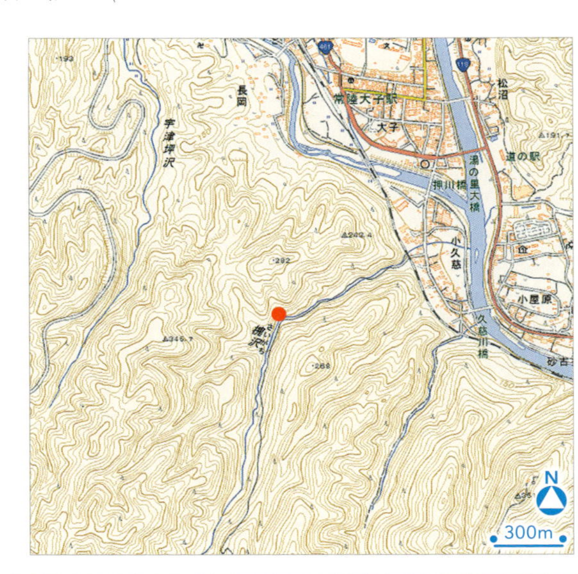

磁鉄鉱系花崗岩

島根県日野郡

宇宙空間で生成し、原始地球にも降り注いだ鉄は、地球内部で色々な過程を経たことでしょう。大部分の鉄は地球内部に沈み込み、一部の鉄は循環して地球の表層近くに運ばれたのかもしれません。地球の表層近くでは、鉄はマグマ中で酸化して磁鉄鉱などの酸化鉱物をつくりました。出雲地方などに伝わる「たたら製鉄」は、この磁鉄鉱がもたらした文化といえるでしょう。

鉧、島根県「和鋼博物館」

❖鉧（けら）…粗製の鉄。
たたら製法によりつくられる。
日本で古より、
「踏鞴（たたら）吹き製法（鉧押し）」によって
砂鉄からつくられた
スポンジ状の粗鋼のことで、
ケイ酸や石灰分を多量に含んでいる。

山砂鉄、
鳥取県日野郡日南町阿毘縁産

本刄付肥後守（青砥割込）
守谷宗光作

性 質

磁鉄鉱は、多くの火成岩に比較的よく含まれる鉱物です。また、地表付近のかなりの量の鉄は、赤鉄鉱や褐鉄鉱となり、膨大な量の鉄鉱層を形成しています。

花崗岩には、その産状と性状とからみて、2つのタイプが知られています。それらを、「磁鉄鉱系花崗岩」と「チタン鉄鉱系花崗岩」と呼んでいます。どうしてこのような異なる型の花崗岩が生じたのか、興味深い問題です。前者の花崗岩は磁鉄鉱を多く含んでいるのが特徴で、出雲地方や東北地方の北上山地に産する花崗岩はこちらにあたります。

製 鉄 の 文 化

その磁鉄鉱を集めて行われたのが、「たたら製鉄」です。すなわち、風化花崗岩から大量の磁鉄鉱（いわゆる山砂鉄）を得て、それから酸素を取り除いて金属鉄をつくるという製法です。酸素を奪う還元剤としては木炭を用いました。つまり、地表近くにおける鉄の酸化作用とは逆の過程（還元作用）によって金属鉄をつくり出したのです。

この製鉄の事業は、ヤマタノオロチ伝説、鉱山公害、三種の神器などと関連し、日本の古代史の中に特異な地位を占めています。また、つくり出された鋭利な武器は戦の形態を変え、地図や国体を塗り替えて、ある意味で近代の製鉄業にも関わり、その結果、この国の歴史に大きく関わってもきたのです。

黒雲母花崗岩❶（広島花崗岩）　広島県廿日市市

広島県一帯には、「広島花崗岩」と呼ばれる後期白亜紀の粗粒黒雲母花崗岩が底盤体をなして広範に分布しています。 厳島（通称、宮島）は広島湾に浮かぶ小さな島で、古い神社仏閣や森林で知られています。海中に立つ朱色の鳥居は厳島神社の玄関口で、この島全体の象徴でもあります。宮島の主峰、弥山（みせん）は標高535mで、頂上付近には花崗岩の巨岩奇石が点在し見事な景観をつくり出しています。

花崗岩中の晶洞。自形の石英や長石が生じている。中央にあるのは500円玉

花崗岩中のレンズ状ペグマタイト

左写真のアップ。
長石（白色）、石英（灰色）、黒雲母（黒色）が見える

弥山頂上の花崗岩巨石群

花崗岩の鉱化作用

宮島ロープウェーを登りつめた辺りには、風化して角が丸くなった巨岩が点在しています。よく見ると、ところどころにポケット状に小さな穴が開いていて、中に石英や長石の小さな結晶が成長しています。これらは、花崗岩が固結する最後の時期の鉱化作用を示しているのでしょう。

花崗岩の白い砂浜

この島の東側、すなわち、厳島海峡に面した海岸に回り込んでみましょう。ここに拡がるのは有数の絶景です。日本の西側では、美麗な景色の表現として白砂青松といわれますが、白い砂は、風化した花崗岩に残る多くの石英(と、少量の長石)がなすものです。ここの浜辺は暖かい雰囲気をもつ淡いペールオレンジです。この色と、古来より社寺林のように扱われてきた自然度の高い森林とが、素晴らしい絶景をつくり出しています。

黒雲母花崗岩❷

山梨県北杜市

山梨県北杜市にある瑞牆(みずがき)山は標高2230mの山で、日本百名山の1つです。全山が、黒雲母花崗岩でできています。南西部は風化や侵食の結果、岩峰が聳(そび)える独特の景観をつくっています。

ペグマタイト質石英岩

武田信玄の隠し金山跡か

白く峨々(がが)たる花崗岩の山稜

周辺の地質

近くには、武田信玄の隠し湯とも伝承される増富温泉郷があります。この温泉はラジウム含有量が東洋一ともいわれています。本邦でもめずらしいラジウム泉で、この花崗岩の成因と関連しているという説もあります。

この温泉郷から東方に向かって川沿いの道を歩いていくと、河原や林間に多くの転石が認められます。大部分が白色の花崗岩ですが、風化している様子や、ポケット状の穴や割れ目が続いている様子から、火成作用末期の現象を色濃く示しているようです。また、近くには広大な石英集積岩(おそらくある種のペグマタイト)や、銅藍(コベリン)を産した増富鉱山跡、武田信玄の軍資金になっていたといわれる須玉金山跡なども存在しています。いずれも、石英を伴う鉱床です。

さらに東方には、水晶やタングステンを多産した乙女鉱山や、一連の水晶産地として知られる水晶峠、ペグマタイトで著名な黒平などが点在しています。乙女鉱山から最初に発見されたといわれる日本式双晶水晶は、2枚の平板が双晶面を境に84° 33の角度で接合したもの(夫婦水晶)で、山梨県の鉱物に指定されています。また南方には、昇仙峡で知られる花崗岩の峡谷もあります。

黒雲母花崗岩③（稲田石）

茨城県笠間市

茨城県笠間市の通称・岩石団地では稲田石（含角閃石黒雲母花崗岩、粗粒）が、また南方の筑波山北方では真壁石（黒雲母花崗岩、細粒）がとれます。いずれも日本の代表的な白御影です。

稲田石の「石切山脈」の遠景

稲田石の採掘現場

地球史を読み解く

この採掘場所の上部すぐの位置にルーフペンダント(❖1)があったらしく、ホルンフェルス(❖2)や晶質石灰岩の捕獲岩がよく認められます。捕獲された岩石は、小さいものではマグマに反応同化してわからなくなりますが、一部では捕獲岩として残ったり、シュリーレン(❖3)をなしたりなど、地下の世界で起きた興味深いできごとを語ってくれます。

つくば市の地質標本館前、同つくばセンタービルの屋上、東京の上野駅公園口階段などには、このようなマグマと堆積岩のやりとりが起きた標本が、モニュメントとして飾られています。岩石に興味をもつ人にはまたとない展示物です。

稲田石中のホルンフェルス捕獲岩。
隣接する母岩に、かすかに反応縁が見える

❖1 ルーフペンダント(roof pendant)……(花崗岩底盤などの)大きな火成岩体の上に、被貫入岩(例えば堆積岩)の一部が取り残されて乗っている状態のものをいう。マグマの少なくとも一部が、そこで上昇を止められた。被貫入岩の一部がマグマの中に落ち込んで捕獲岩となったり、反応が進んでシュリーレン構造をなしたりする。「屋根岩」と訳す人も。

❖2 ホルンフェルス(Hornfels; 独)……泥岩や粘板岩などが接触変成作用を受けてできる変成岩の一種で、暗黒色で硬く緻密な岩石。泥質岩起源のものでは、多量の黒雲母が生成していて、黒雲母ホルンフェルスと呼ばれる。また、紅柱石や菫青石などの斑状変晶を含むことがある。ドイツ語のHornは角、Felsは岩石の意味。

❖3 シュリーレン(Schlieren; 独、複数形)……火成岩に見られる肉眼的な組織の1つ。岩体の中で、苦鉄質鉱物が周囲の部分よりも濃集して、不規則な条状・線状・面状となったもので、輪郭がはっきりしないもの。マグマが冷却していく過程で早期に結晶した鉱物が集まったり、他のマグマが混じったり、捕獲岩が部分的に溶けたりして再流動化したものなどが原因と考えられる。「墨流し構造」とも。

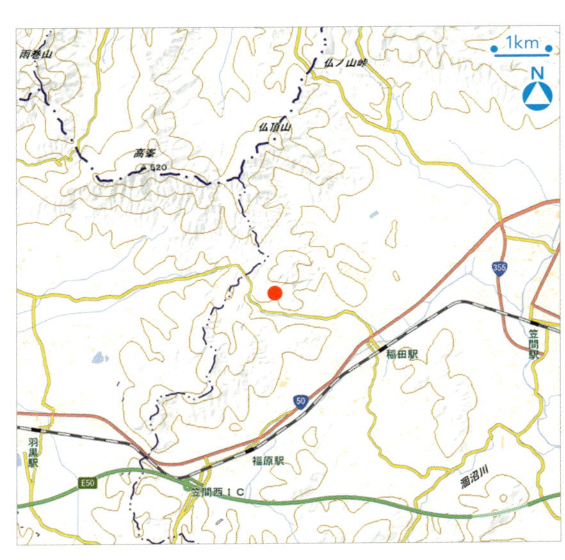

高温型石英❶

茨城県日立市

日立市会瀬町の波食台には貝類化石を多産する粗粒砂岩が露出しており、「初崎砂岩層」と称されています。この砂岩層は、潮汐流や沿岸流の発達した外洋浅海域で局地的に形成されたと推定されます。典型的な六方両錐体の外形をもつ高温型石英の結晶は、整っていると「そろばん玉のように美しい」と好まれます。しかし、結晶の形状や表面の様子、さらに内部の不純物などは、その鉱物生成の環境を示唆する多くの鍵をもっています。

日立市会瀬海岸の初崎層露頭

「初崎層」の含貝化石砂礫岩

「初崎層」の砂礫岩から採取したβ石英など

低温型石英と高温型石英

石英は、地表でもっともよく目につく鉱物の1つです。地域によって多少の偏りはありますが、花崗岩では約1/3を占めています。砂浜や砂岩の大部分が石英からなっています。石灰岩や玄武岩地域ではほとんど見られませんが、資源を求めて採掘される鉱脈やペグマタイトの多くは、多量の石英を伴います。

石英はその性質から、低温型石英（α石英）と高温型石英（β石英）とに分けられます。高温型石英は、低温度領域では低温型石英に転移します。したがって常温では、すべての石英が低温型になっています。低温型石英の例としては、122ページで紹介した山梨県北部が挙げられます。この一帯は、花崗岩、ペグマタイト、鉱床などに満ちあふれた、石英の産地でもあります。花崗岩の晶洞に生じている石英も、おそらく低温型石英でしょう。正長石と石英との関係、有色鉱物の産状なども観察のポイントになります。

性質

おもな構成鉱物は石英で、長石を含み、黒雲母や角閃石を伴っています。有色鉱物の多くは矩形～葉片状の自形を残し、あまり変質や摩耗をしていません。全体的に砕屑物の淘汰が悪く、侵食 - 運搬過程の痕跡が少ないことから、その供給源が近くにあったものでしょう。貝化石破片が密集した部分では、貝殻から溶解した炭酸カルシウムが再結晶して堅固な露頭をつくっています。このような砂岩試料を弱い酸に浸して、炭酸カルシウムを溶解させると、粗粒の砂粒が姿を現します。

粗粒砂岩を構成する石英の大部分が高温型石英（β石英）です。六方錐体の完全な結晶は稀で、片方の錐体が破損していることが多いようです。結晶の稜線が丸味を帯びていたり、結晶表面が“曇りガラス状”になったりしているものもあります。このような特徴から、これらが火山活動の急激な爆発の産物であると考える人もいます。また、多くの結晶の内部には，淡黄色～淡褐色の球状の融体包有物が存在します。その火山をつくったマグマの化石といえます。

日立市会瀬海岸の初崎層に穿たれたポットホール

高温型石英❷（万成石（まんなりいし））

岡山県岡山市

岡山県岡山市万成には広島型の桃色花崗岩が露出しており、石材として好まれています。中でも正長石の色の濃い岩石は、「竜王石」と呼ばれる人気者です。広島花崗岩は粘り気があり、粗粒で、上品に色づいていて美麗です。研磨すると、岩石の組織があらわになります。筆者は岩石の鉱物量比から化学組成を求める授業で、はじめは稲田石を使っていましたが、稲田石では2種の白い長石をあらかじめ染色する必要があります。しかし、この万成石では長石が色の違いで容易に識別されるので、好都合でした。

広島花崗岩「竜王石」、
岡山県岡山市万成産

「竜王石」の真砂から採取した
β石英

岩石の生成を読み解く

普通、花崗岩は、等粒状組織を呈し、構成鉱物はほぼ同時に生成したといわれます。それでも、一般的には、有色鉱物が若干早く生成し、次いで斜長石が、そして正長石や石英は最後期に他形で成長しているように見えます。しかし、万成石の研磨面では、石英が丸まった粒状から自形であり、石英のほうが早く生成したことが予測されました。

採石場から離れたところの風化生成物、真砂土をとって選別したところ、石英の粒が得られ、多くは、六面錐体を示す形状でした。このことは、この花崗岩の石英が高温型のものであったこと、すなわち、生成時にはβ石英が安定な「温度ー圧力」領域にあったことを物語っています。

地球史を読み解く

花崗岩の生成した場所や、時代によって、状況はさまざまかもしれません。しかし、花崗岩固結の物理化学的状況が明らかになれば、マグマの分化や移動について、新しい知見が得られるでしょう。高温型石英と低温型石英では、膨張率(収縮率も)も異なりますから、例えば、岩石の含水率や含油率の計算に役立つかもしれません。

のちに、この石英中には奇妙な形状の包有物が含まれていることがわかりました。鉱物の種類は周囲の平均的な鉱物組成と同じでしたが、量比が異なっていました。媒体中の石英成分が母結晶である石英上に成長したと考えると、量比がほぼ同じになり、形状も自然なものになると推察されました。すなわち、花崗岩をつくったマグマメルトの一部が石英中に捕獲され、それが岩石の徐冷と共に結晶化して、石英中に「微細な花崗岩」をつくり上げた、という図式です。したがって、現在この石英中に存在する包有物は、生成時のマグマの環境にかかるさまざまな情報を秘めていることが示唆されます。これも、鉱物内の欠陥が語る「美しい石」の話です。

β石英

高温型石英❸

東京都新島村

新島は、東京から南に約160kmに位置する火山島です。後期更新世頃(約1.7万年前)に活動を開始したといわれています。伊豆諸島のうち、新島、式根島、神津島の火山は、珪酸分が多く粘性の高いマグマの活動によるもので、他の一連の火山列とは性質を異にしています。この現象は、日本列島に押し寄せるプレートの動きや性質と関係しており、興味深い研究課題を提供しています。

β石英を多く含む海浜砂、東京都新島羽伏浦海岸

流紋岩「抗火石」、
東京都新島産

性 質

新島は、北端の若郷地区に暗黒色の玄武岩質火砕岩類が分布していることを除けば、全島が流紋岩からなっています。島の北部で化学組成の異なる岩石が接することは地球科学的に興味あることですが、これに関連したと推定される地震活動も活発です。

白い流紋岩の風化産物は、島全体の浜を白くしています。島の東海岸には、長さ7kmにわたって真っ白な砂で覆われた「羽伏浦海岸」が拡がっています。この砂浜の砂は粒のよくそろった石英粒子からなっており、その白さと美しさは世界有数のものといわれています。

ほかに見られる岩石

新島の南半分には向山が聳えています。向山で産する岩石は、スポンジ状の構造をもつガラス質の流紋岩で、「抗火石」と呼ばれて採掘されていました。外見は灰白色で多孔質の軽石であり、著しい流離組織が特徴です。軽くて火に強いので、建築用・装飾用に珍重されています。伊豆諸島の新島・式根島・神津島のほか、伊豆半島の天城山でも産していますが、外国ではイタリアのリパリ島にしか産しないといわれています。

赤丸が羽伏浦。紫丸が向山抗火石産地

コラム

ずり場

鉱山操業で、採掘の対象にする鉱物を「鉱石鉱物」、対象にしない鉱物を「脈石鉱物」といいます。鉱石鉱物をほとんど含まない低品位の鉱石や母岩は、鉱山用語で「脈石」や「ずり」と呼びます。この廃石を捨てた場所が「ずり場」です（石炭鉱山では「ボタ山」といいました）。

ずり場に廃棄されたものは、品位が低く採算がとれなかったり、迷惑元素を含んでいて処理工程が増えてしまったりなど、鉱石としての価値がなかったものです。坑内掘りの鉱山では坑内に埋め戻す場合もありますが、諸事情により坑外に野積みにされる場合もあります。

ずり場は、操業する鉱山にとっては廃石場です。しかしそこには、鉱石鉱物や脈石鉱物を含む鉱石や、母岩の構造・変質や鉱物の生成過程などを考察できる標本が見つかります。鉱物の性質や母岩と鉱物と関係、また鉱床の成り立ちなどを調べる上で、地質学的に興味深い格好の標本を提供しています。鉱化作用のミニチュアのようなものも見つかります。しかも坑内と違い、明るいところでゆっくりと観察できる好適な場所です。

昔に採掘をやめたところでは樹木が生い茂って覆い隠していることもありますが、最近閉山したところでは、坑内から出てきたばかりのような「新鮮な」岩石や鉱物、鉱石に出会うかもしれません。

ずり場は廃石を野積みにして捨てた場所ですから、岩塊の安息角に近いところも多く、浮石などで足場が不安定な危険な場所もあります。瓦礫が山積みになっているところですから、山崩れや動物による災害などにも注意を払うべきです。現在も、私有地あるいは鉱業所の管轄である場所も多く、そのようなところではむやみに立ち入ると法的な問題が生じることもあります。もちろん、法以前のモラルやマナーも重要です。

ずりは、その時点では廃石ですが、技術革新や鉱物の需要の高まりなど、時代につれて価値が見直され、二次選鉱の対象となることがあります。かつてのずりが低品位鉱石と一緒に大量に処理されている、これが世界の金や銅の大鉱山の趨勢です。

ずり場の様子（茨城県東茨城郡城里町 高取鉱山）

第5章 採集と標本・観察

ていねいに岩石や鉱物を見てみると、つぶつぶが見えるもの、
キラキラ光るもの、薄くはがれそうなものなどさまざまです。
岩石なら中に含まれている粒をじっくり観察すると、
さまざまな色や形の鉱物から構成されていることがわかります。
山や海辺、川原など
場所によって見つかるものもいろいろで、
ときには化石を発見することもあるかもしれません。
フィールドワーク調査においてはルールにきちんとしたがい、
見つけた岩石や鉱物にどんな特徴があるか
観察してみましょう。

事前の情報収集

日本で見つかる岩石・鉱物

地球のどこの地面を掘っても、そこには岩石や鉱物があります。岩石や鉱物には、たくさんの種類がありますが、どこにどんな岩石や鉱物があって、どんな形をしているのでしょうか？野外に出かけて、地層を観察したり、岩石や鉱物を採集したりしてみましょう。

日本にも、たくさんの種類の岩石や鉱物があります。しかし、代表的な岩石やめずらしい鉱物、きれいな結晶を集めてみようとすると、簡単ではありません。

また、岩石と鉱物とで、採集する場所が違ってきます。岩石は広い地域に分布していて、露頭（ろとう）という地層が露出しているところでは特に見つけやすいです。鉱物は、岩石の中に入っているものをのぞけば、鉱山など特定の場所に集中して存在します。河原や海岸に流れ着いている鉱物もありますが、見つけることはとても難しいです。

鉱山とは、地中から鉱物を採掘する場所や事業所のことですが、今の日本には、採掘している鉱山はほとんどありません。わずかに九州の菱刈金山（ひしかりきんざん）だけが、操業を続けています。昔、日本にも、たくさんの鉱山がありました。金や銀、水銀、銅、鉄、鉛、亜鉛などが、いろいろな鉱物の形で、地中から掘り出されていたのです。

菱刈金山の含金銀脈石英（がんきんぎんみゃくせきえい）

⊙ ペンは、石との大きさを比較するためのもの

採集できる場所

　最近では採集できる場所がだんだん少なくなってきていますが、岩石は、河原で採集するのが比較的安全でしょう。そのほかには、地層が露出している場所や、地層から崩れた石が転がっている場所などがあります。このような場所としては、山間部の小川や崖、海岸、道路の切り通し、工事現場などが挙げられます。鉱物の産地は、鉱山や石切り場、山中などです。

採集の場所とコツ

河原	さまざまな色、形の岩石が上流から運ばれてきています。 雨上がりの水が引いた頃だと、より見つけやすいでしょう。 運がよければ鉱物が落ちていることもあります。
鉱山のずり場	ずりとは、鉱山で掘り出されたが鉱石として利用できなかった岩石のことで、 それが積み上げられた場所をずり場といいます。 ずり場では、金属鉱物を含んだ重い石を見つけることができるかもしれません。
石切り場	花崗岩を切り出している石切り場では、 しばしば大きな水晶などの結晶が見つかります。
道路工事現場	道路の工事現場では、砕かれた鉱物が見つかることがあります。

採集場所の情報収集

　採集場所の情報は本書でもいくつか紹介していますが（⇨第４章）、フィールドワーク用のガイドブックに多く紹介されています。また、地域の趣味の会や、博物館主催の観察会などで行われる採集に参加すれば、多くの情報が得られます。

　地質図をもとに、目あての岩石を探すこともできます。地質図とは、「表土の下に、どのような種類の岩石や地層が、どのように分布しているか」を示した地図です。つまり、建造物や木々などの植物、山などの地表の土は除いて描いてあります。

　鉱物の採集情報を得るには、古い地図も有効です。国土地理院発行の昔の地図には、鉱山の位置がのっていました。例えば、昭和40年頃より以前の古い地図には、閉山した鉱山が数多くのっています。今では、鉱山マークの場所がきれいに整地され隠されてしまったものもありますが、そのまま放置されたものもあります。そこから「ずり」を探せばよいのです。

地質図『20万分の1シームレス地質図』

地質図は地下をあらわす地図で、断層（ ）、化石産地（ ）、鉱山（ ）や、色によってどのような地層や岩石からできているかがわかる。

準備と持ちもの

万全の身じたくを

岩石や鉱物の採集は、野外での活動に適した服そうで行いましょう。採集に必要な持ちものには、岩石を割るハンマーや採集品を入れるビニール袋など、いろいろあります。そのほかに持っていくと便利なアイテムもあります。

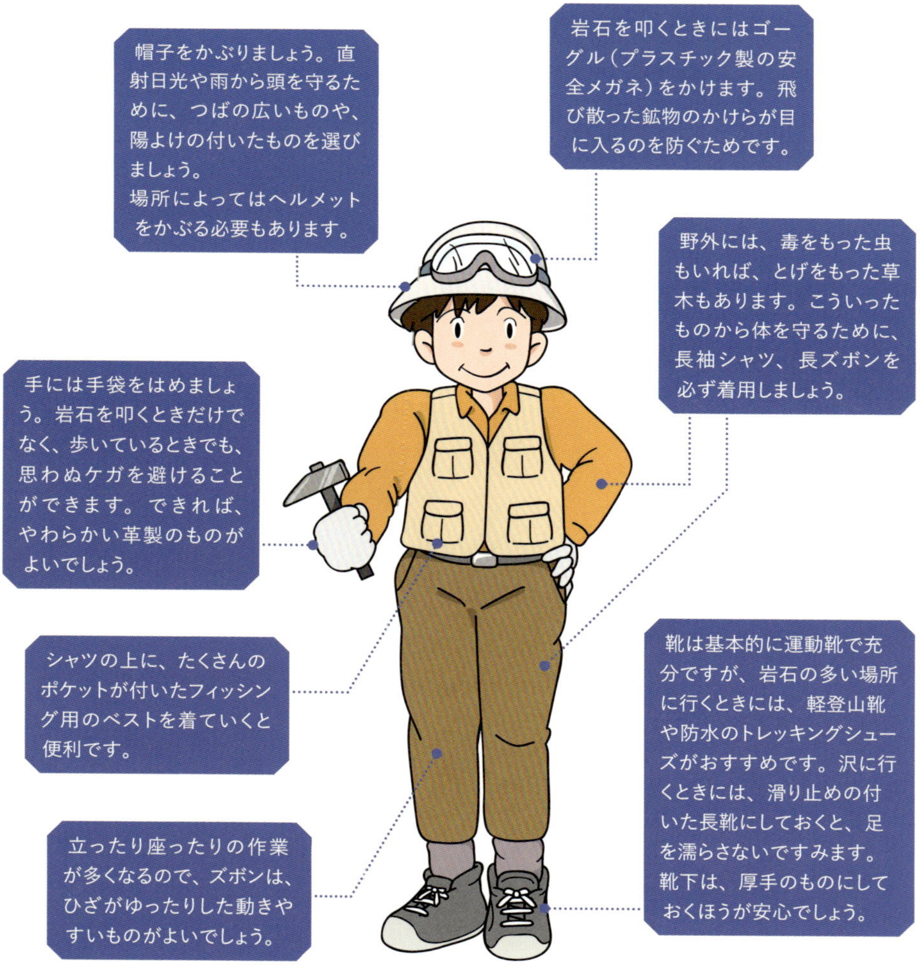

帽子をかぶりましょう。直射日光や雨から頭を守るために、つばの広いものや、陽よけの付いたものを選びましょう。
場所によってはヘルメットをかぶる必要もあります。

岩石を叩くときにはゴーグル（プラスチック製の安全メガネ）をかけます。飛び散った鉱物のかけらが目に入るのを防ぐためです。

野外には、毒をもった虫もいれば、とげをもった草木もあります。こういったものから体を守るために、長袖シャツ、長ズボンを必ず着用しましょう。

手には手袋をはめましょう。岩石を叩くときだけでなく、歩いているときでも、思わぬケガを避けることができます。できれば、やわらかい革製のものがよいでしょう。

シャツの上に、たくさんのポケットが付いたフィッシング用のベストを着ていくと便利です。

靴は基本的に運動靴で充分ですが、岩石の多い場所に行くときには、軽登山靴や防水のトレッキングシューズがおすすめです。沢に行くときには、滑り止めの付いた長靴にしておくと、足を濡らさないですみます。
靴下は、厚手のものにしておくほうが安心でしょう。

立ったり座ったりの作業が多くなるので、ズボンは、ひざがゆったりした動きやすいものがよいでしょう。

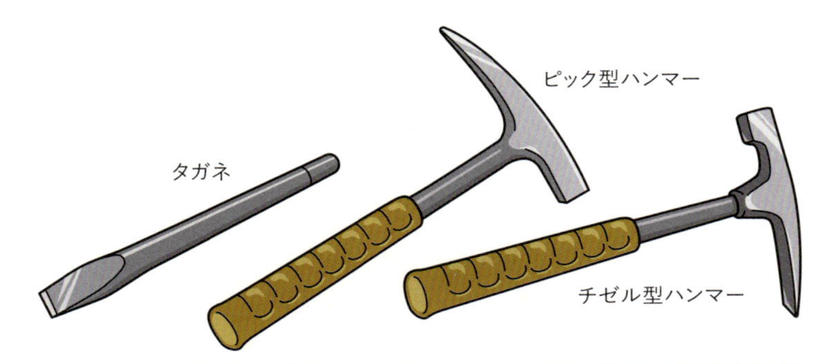

持ち物リスト

岩石用のハンマー	岩石を割るのに必要です。 ハンマーにはピック型とチゼル型とがあります。 一般的にピック型を使いますが、 層になっている堆積岩ではチゼル型のほうが使いやすいです。
タガネ	岩石にひびがあるときや、鉱物をえぐって採集するときに役立ちます。 10～20cm 程度の長さのものが扱いやすいです。 平タガネと尖りタガネがあります。 タガネを使うとき、ハンマーで手を打ってしまう事故が多いので、 手を打たないようにハンドガードがついているタガネも販売されています。
虫眼鏡（ルーペ）	観察に使います。10～15倍程度のもので充分です。
方位磁石（コンパス）	山で迷わないために必要です。 また、走向と傾斜を測れるクリノメータも便利です。
磁石	小さなネオジム磁石をひもに結んでおくと、 鉱物や岩石の磁性を確かめることができます。 ペンマグネットも市販されています。
野帳（フィールドノート）	野外で記録を書くためのノートです。 水に濡れても書ける紙などもあります。
ビニール袋	採集品を入れるためのものです。
油性フェルトペン	採集品や採集品を入れたビニール袋などへ 情報を記録するために必要です。
新聞紙	採集品を包んだり、濡れた靴を乾かしたり、 いろいろなことに使えます。
小型ナイフ（または釘など）	鉱物の硬さを調べるのに便利です。

そのほか、水筒、傷薬、虫よけスプレー、
懐中電灯、カメラなどを準備しておこう。

夏の山は、特に天候が変わりやすいため、
雨具は必ず持って行こう。
山の尾根などでは傘は役に立たない。
レインウェアにして、
いつも両手を空けておける状態にしよう。

採集における注意点

採集で注意すること

大事なことは、採集してもよい場所か？　危険はないか？　ということです。これは、岩石の場合も、鉱物の場合も、同様です。

採集してもよいか

国や県で指定された公園や私有地では、無断で採集してはいけません。国立公園や国定公園では法律で規制されているからです。ただし、事前に許可を得ていれば、問題はありません。国立公園は環境省の許可が必要です。必ず許可を得ましょう。私有地内は持ち主がいるので、だまって採れば、これも犯罪になります。昔の鉱山の採掘跡も、だいたいは誰かの持ち物なので気を付けなければなりません。

河原や海岸は、このような規制にかかりません。鉱山の下流にあたる河原は、昔の採掘した鉱石や岩石のかけらが落ちていることが多く、採集には都合がよいでしょう。ただし、採りすぎは控えましょう。

危険はないか

岩石や鉱物は、落ちているものを拾うか、露頭の一部をハンマーで叩いて採取します。叩くときには、その石、またはその上のほうにある岩石や土砂が落ちてこないかを確かめる必要があります。

大きな鉱山の跡は、安全に整備されて

公園内の無許可採集はしない。

立入禁止の場所は絶対に入らない。

いるところが多いですが、中には立入禁止と看板が出ているだけで坑口(こうぐち)がそのままになっている所もあります。坑道内(こうどうない)に入ると、ゆるんだ岩石が落ちてきたり、熊や毒蛇などの危険な動物が潜んでいたりする可能性があります。また、有毒ガスがたまるところや酸素が薄いところもあるので、決して入ってはいけません。

マナーを守ろう

岩石・鉱物を採集するときは、マナーを守り、モラルをもって行動することも大切です。

興味のあることを詳しく調べたり、実物で確認して観察したりすることが目的であっても、そのために周りの人に迷惑をかけてはいけません。

それでは、採集するうえで守らなければならないマナーとは何でしょう？　大事なことは「現状をできるだけ保つ」ということです。採集場所をちらかさないのはもちろんですが、持ち帰る採集品の量に気をつけることも大切です。例えば、大きな採集品は周りとの関係がよくわかるなど、よい点もあります。しかし、持ち運びや、処理のしかた、収納の方法などを考えて、「適当な」大きさのものを、必要最小限で採集することが望ましいです。

こうした注意を払って岩石・鉱物を採集しましょう。

その場の岩石・鉱物を、根こそぎ持って行かない。

ほかの産地で拾った石を捨てない。

採集のしかた

岩石の角張っている部分など、
割れやすいところを叩こう。

ハンマーの使いかた

岩石を割るうえで一番大事なことは、危険がないように割ることです。

ハンマーは、だいたい500gから1.5kgくらいの重さがあります。これを振り回すことは、とても危険です。ハンマーを使うときは、後ろにほかの人がいないか確認しましょう。また、叩いた岩石のかけらがまわりに飛ぶこともありますので、近くに人がいないかどうかも確認しましょう。だいたい2m以上離れていれば大丈夫です。

周囲に人がいないか
確認しよう。

もう1つ重要なことは、“割れる”ものを叩くことです。大きな岩石の中央部分を叩いている人がよくいますが、これではなかなか割ることができません。ハンマーで大きな岩石をいくら叩いても、ただ跳ね返されるだけです。確実に割れるように叩くには、経験が大切になります。例えば、平たく薄いもの、ひびの入っているもの、岩石の角張っている部分や尖っている部分を叩けば、岩石をうまく割ることができます。タガネを上手に使うとよいでしょう。

鉱物の採集のしかた

鉱物には、その性質によって、いろいろな種類があります。単結晶はとても美しいですが、単結晶だけがよい標本というわけではありません。母岩つきのものや連晶、鉱物の集合体も面白いでしょう。

まずは鉱物が含まれる岩石（母岩）をよく観察しましょう。ルーペを使って、詳しく観察し、気が付いたことはノートに書いておくと役立ちます。鉱物を採集するときは、採集品の下に手や紙などを当ててから、細かい結晶などを落とさないようにしましょう。

採集した鉱物の名前がわからないときは、図鑑やインターネットで調べるとよいですが、博物館に行ったり、鉱物採集の経験者により詳しいことを訊くのもよいでしょう。

また、岩石のときと同じように、現地の状況を大きく変えてしまうような採集方法をとってはいけません。残念なことに、マナーを守らない採集者がいたことで立入禁止になった場所も多くあります。

まずは鉱物の入ってる母岩を覚えよう。

細かい結晶を落とさないように下に紙を当てよう。

鉱物採集のポイント

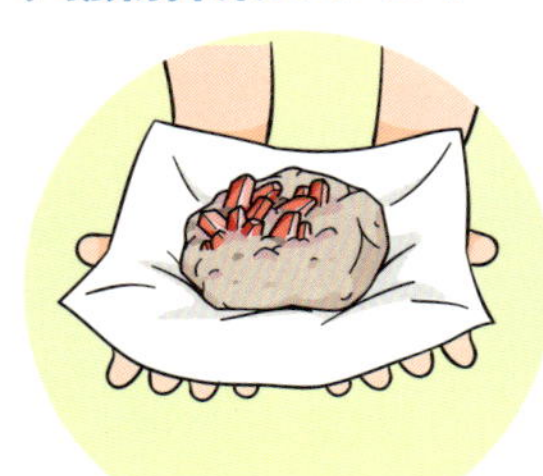

母岩を付けたまま
採集すると、
産状がわかるうえ、
鉱物も壊れにくくなる。

重い岩石は
多くの金属鉱物を
含んでいる
可能性がある。

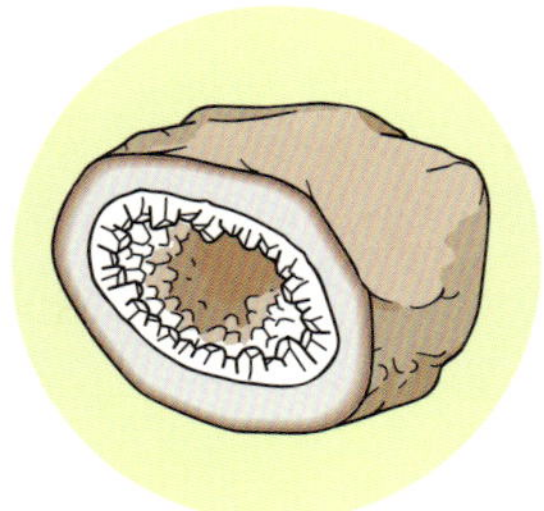

晶洞(しゅうどう)(岩石の中にある
結晶でおおわれた空洞)
を見つけると
結晶の集合体が
見られることが多い。

きれいな結晶は
タガネを使って
ていねいに
割ろう。

鉱物の入った砂を
おわんに入れる。

水の中へ

砂の中の軽い鉱物を
洗い出して、
重い鉱物を残す。

軽い砂は外へ流れて、
重い鉱物が残る。

整理のしかた

現地での記録のしかた

記番号をつけよう

採集品にはそれぞれ特徴があり、想い出深いものになると、いつまでも採集したときのことを思い出せます。しかし、よく似ているものも多く、たくさんの採集品を扱えば、忘れてしまうこともあるでしょう。同じ日に採集したものは、特に似ていることが多く、その場ではわかったつもりでいても、後ですぐに混同してしまいます。これを防ぐためには、その場ですぐ採集品に記番号を付けることが重要です。

記番号とは記号と番号の組み合わせで、例えば、年月日と番号、氏名と番号、産地と番号などがよく用いられます。

採集品そのものに書くのが望ましいですが、採集品が小さかったり、濡れていたり、平らな部分がなかったりなどの理由でうまく書けないこともあります。そのときは包み紙やビニール袋に書いておきましょう。

ノートにメモをとろう

記番号を付けたら、その場でノートにメモを記すことも大切です。記番号、種類、大きさ、数、特徴、採集場所、採集目的などを記録します。周辺環境における採集品の位置や方向、変化の様子、前後の採集品との関係など、メモしておきたいことは多くあります。

時間がなかったり、天候がよくなかったり、疲れていたりということもありますが、ここで頑張ってできる限りの情報を記しておくことが重要です。地図を持っていれば、採集位

採集品と記番号

年月日
（例）2017年10月29日

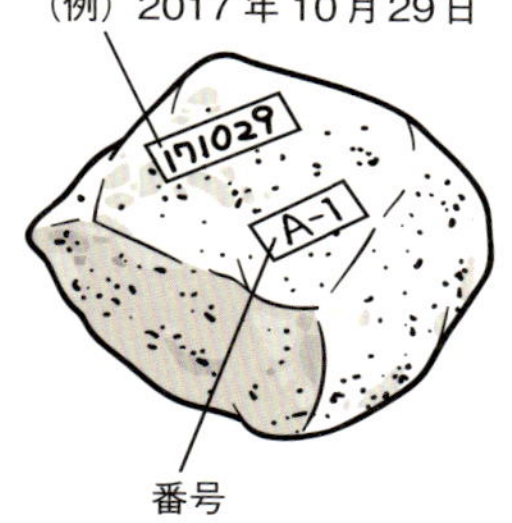

番号

記録ノート

2017年　10月29日（日）
A-1：○○石
直径約5cm×10cm×3cm
特徴、白い部分とグレーの部分が混在していて、黒い点がゴマをふりかけたようにたくさんある。
場所、○○県○○市産
その他、○○山の登山口から北へ40分ほどあるいた地点に露頭があったので、そこで採集した。

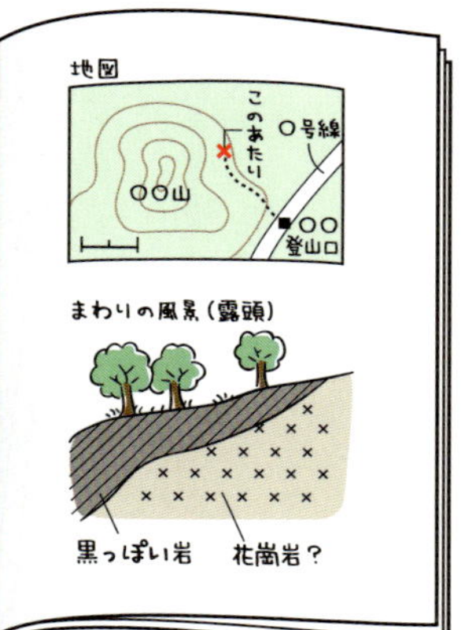

置も記しておきましょう。

最近ではGPSなどを使うことで、位置情報も簡単に記録することができます。採集した場所の写真を撮っておくと、そのときのようすが思い出されて、後の参考になるでしょう。

また、写真のほかにスケッチを添えておくとよりわかりやすくなります。

クリーニングのしかた

クリーニング方法は、岩石と鉱物とで少々異なります。

岩石は、ごしごし洗っても構いません。付いているのはたいてい泥なので、タワシなどでこすって落としましょう。苔などの植物もこれで取れます。注意したいのは著しく風化した岩石の場合で、これはていねいに扱わないと崩れることがあります。

鉱物の場合、基本的には歯ブラシなどでやさしくこすって汚れを落とします。まずは、軽く水で洗ってみましょう。温度はぬるま湯程度が適しています。汚れが落ちにくいときは、1日くらい洗剤につけておくとよいでしょう。

鉄さびで茶色になった汚れや二酸化マンガンで黒くなった汚れは、家庭用漂白剤につけておきましょう。そのあとよく水洗いして、自然乾燥させます。細かい苔などは、ピンセットやようじでていねいに取り除きます。

どのクリーニング方法でも、最初はだめになってもあきらめがつく採集品、小さい採集品で試してみるとよいでしょう。

クリーニングのポイント

鉱物は歯ブラシで洗おう。
細かな苔はピンセットで
取り除こう。

岩石はタワシで
洗ってよい。

汚れが落ちないときは
洗剤につけおきする。

標本づくり

木箱の標本

標本をつくる

採集品をクリーニング（⇨143ページ）した後、ラベルに必要事項を記入して、箱に収めると、標本のできあがりです。標本の一面には、その標本で伝えたい組織（模様、鉱物間の関係など）がよく見えるようにしておきましょう。

標本に入れる採集品は、できるだけ新しく汚れの少ないものにしましょう。できれば岩石切断機を使って切断したうえ、きれいに磨いてあることが望ましいですが、これには本格的な装置が必要となります。

お菓子の箱などで、箱の中に仕切りがあるものをそのまま標本箱に利用するのもよいでしょう。ない場合は自分でつくってみましょう。

小さなお菓子の箱は、特別な岩石や鉱物を個別に保存しておくのに適しています。中に綿を敷いたり、標本ラベルを入れると、よい保管ケースとなります。

ガラスやプラスチックの小びんをとっておくと、小石や砂、小さな鉱物結晶などを入れておくのに便利です。中が見えるようにラベルを貼り、木で小びんを置く棚をつくって並べると、本格的な標本棚になります。

標本箱の仕切りのつくり方

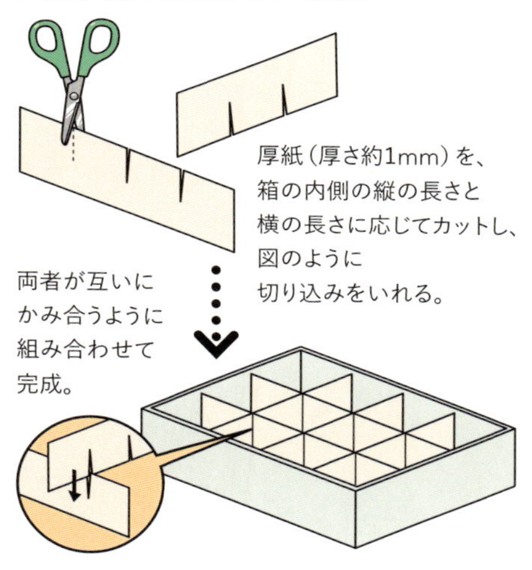

小びんの標本

標本の整理と管理

ラベルの書き方には、特に決まりはありません。自分やほかの人が、何の標本かを知ることができればよいのです。例えば、記番号、標本名、産状（特徴）、産地（地図番号）、採集日、採集者などを記入するとわかりやすくなります。

ラベルの大きさは標本の大きさに関係します。普通は、小箱の内側にすっぽりと収まるようにしますが、状況によっては、標本の横にラベルを置いて示すほうがよいこともあります。ラベルの上に透明なカットシートなどを敷いておくと、ラベルが採集品でこすれるのを避けることができます。

さらに大事なことは、ラベルから、標本の一覧表をつくって、収納場所がすぐにわかるようにしておくことです。

ラベルを内側に入れる場合

ラベルを外側に置く場合

ラベルの書き方例

記番号：　WAMT-32

標本名：

巨晶花崗岩

Pegmatite

産出地：　茨城県新治郡小田　塚田陶管採石場産

採　取：　　1994年10月　円城寺　守

観察の方法

肉眼で観察

採集された石は、大きなものではなく、持って帰れるほどの大きさのもののはずです。それをまずはじっくりと見てみましょう。

下にまとめたように、見た目のようすからさまざまに分類することができます。

分類のポイント

大きさ	長い部分を測る（砕屑物の大きさによる分類⇨35ページ）
形	角張っている、丸い
色	白っぽい、黒っぽい、緑や赤などほかの色味が混ざっている
手触り	ごつごつ、ざらざら、つるつる、すべすべ
重さ	重い、軽い（具体的な重さも量る）

岩石はよく見ると、粒があったり、縞があったり、層になっていたりと、模様を見ても実に変化に富んでいます。石の表面には内部のようすがあらわれていることもあります。例えば、本のように薄い層が重なっている石は、堆積岩（⇨32ページ）でしょう。白い全体の中に黒い粒が点々と入っている石や、逆に黒い全体の中に白い粒が入っている石は、火成岩（⇨42ページ）です。また、粒が平たくつぶれたようになって並んでいる特徴のある石は変成岩（⇨38ページ）です。

しかし、よく見ると、堆積岩でも層の部分が細かい粒からなっていたり、粒の中に粒があったりと、単純ではなく、複雑な構造になっているものが少なくありません。1つ1つの粒は肉眼で見えることもあるので、よく観察してみましょう。

このようすから、その岩石がどのようにできたのかを想像してみましょう。調べながら予想をたて、想像を膨らませることが、岩石を知る道にもなるのです。

どんな形で、どんな色か
よく見てみよう。

ルーペで観察

小さくてよく見えない場合には、ルーペを使います。ルーペで見ると表面の細かい凹凸やお互いの関係が見えたりもします。野外では折りたたみ式の「繰り出しルーペ」というのが便利ですが、虫眼鏡でもかまいません。10倍ぐらいの倍率で充分です。

ルーペを使うときには、石や目をルーペに近付けたりしながら見え方を調整します。充分に見えるように、明るいところで行います。太陽などのあかりを直接ルーペで見ることは絶対にやめましょう。

ルーペの面が岩石・鉱物と平行になるように観察する。

顕微鏡で観察

もっと詳しく中身を知るためには、さらに拡大してみる必要があります。そのためには顕微鏡のような専門的な道具が必要になります。顕微鏡で見てみると、岩石や鉱物のようすがとてもよくわかります。肉眼やルーペでは見えない小さな粒や形が見えるので、詳しく観察したいときはとても便利です。

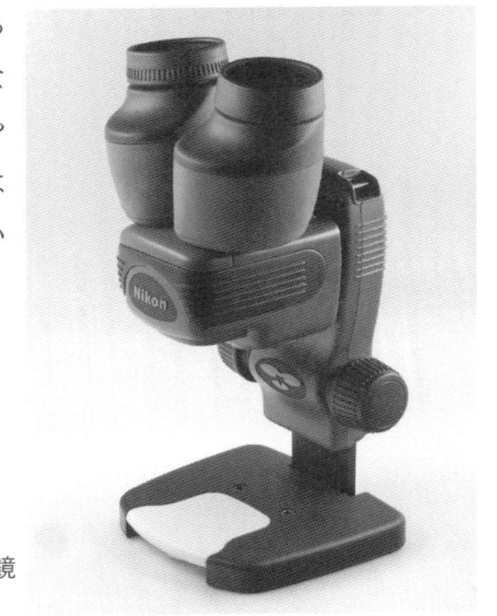

ニコンの実体顕微鏡
『ファーブル』

形状を調べる

大きさと形

採集した岩石がどこにあったのか、記録しておきましょう。まず、大きさを調べ、分類してみましょう(⇨29ページ)。続いて、形を見てみます。ごつごつしていたり、つるつるしていたり、さまざまなものがあります。ごつごつして角があるものは、もとの石から割れて比較的すぐのものですし、つるつるしたものは川の流れにもまれて削られ、角が取れたものかもしれません。

このように、石の大きさや形を調べ、拾った場所を参照し、それが川の上流なのか下流なのか比較してみるもの面白いものです。

コラム

ライターの小さな石

フリント式ライターには、火をつけるときにパチッと火花を飛ばすために小さな石が組み込まれています。ライター用の火花を飛ばすしくみに使う石を発火石(はっかせき)といいます。発火石は、セリウムと鉄の合金です。

電子式ライターでは、圧電素子に衝撃を与えて高電圧を起こし、火花放電を起こします。圧電素子には水晶や電気石が使われていました。

色

白っぽいものや黒っぽいものなど、さまざまな色合いの石があります。

例えば「安山岩」には色のついた鉱物（輝石、角閃石、黒雲母など）が多く含まれています。また、花崗岩には色の付いていない鉱物（石英や長石など）が多く含まれています。岩石に含まれる有色鉱物の割合は「色指数」といわれ、岩石の分類の１つの指標となっています。

だいたいの見た目でも色がわかりますが、ルーペで拡大してみると、また違ったようすが見えます。白や黒、灰色などいろいろな色の粒がばらばらに混じっていることもあります。そのようなようすによって、その石が火成岩なのか堆積岩なのかなどを、知ることができるのです。

雲母

石英

割れ方

岩石の表面は汚れていてよくわからないこともあるので、鉱物のようすなどを見たいときには、岩石をハンマーで割ってみましょう。割れ方にも特徴があるものがあります。

岩石を砕くと、鉱物が取り出せることがあります。または、河原に落ちている石が、鉱物そのものであることもあります。

鉱物は決まった化学組成をもっていて、規則正しい結晶構造をしているために、決まった方向に割れやすいものがあります。結晶の構造によって割れ方も違うので、どんな鉱物かを見分けることができます。

比重を調べる

比重とは

水の重さを1としたときに、同じ体積のものが水と比較して、どのくらいの重さになるのか、これを比重といいます。比重の大きさは鉱物によって異なります。

石の比重を見るには、水に入れてみましょう。ほとんどの鉱物や岩石は水より重い（比重が1より大きい）のですが、水に浮くものもときどきあります。例えば、軽石は流紋岩の一種ですが、できるときにガスが抜けた穴がたくさん開き、その穴の空気により比重が軽くなっているため、水に浮きます。

比重の測り方と計算方法

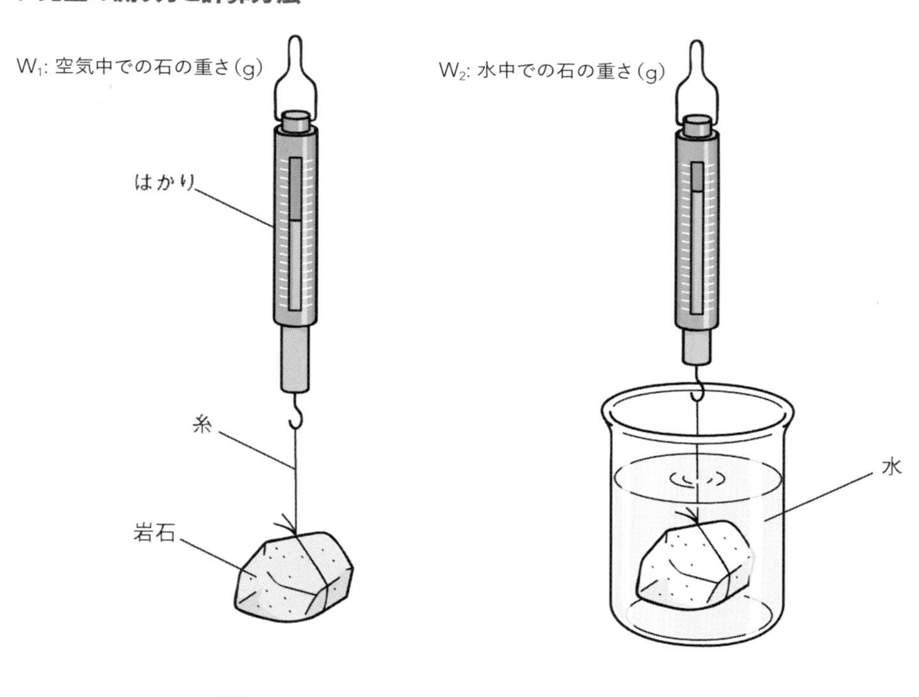

比重の計算式

$$比重 = \frac{W_1}{(W_1 - W_2)}$$

鉱物の比重

鉱物の比重は一定になっています。この比重を調べることが、鉱物を見分ける手がかりになります。

鉱物の比重の大きさは、含まれている元素の種類や結晶構造によって違います。金属を含む鉱物は、比重が大きくなります。自然金や水銀、鉛を含む方鉛鉱も大きな比重をもっています。

同じ炭素でできている石墨（比重2.2）とダイヤモンド（比重3.6）は見た目も大きく違いますが、比重にも差があります。これは、結晶構造が違うために密度が異なるからです。

鉱物の性質を調べる

硬度

鉱物の硬さをあらわすときにはモース硬度が用いられます。これは、鉱物をこすり合わせたときにできる傷によって、硬さを判断したものです。激しく叩くなど、物理的に力を加えたときにもちこたえる硬さとは違います。モース硬度は下の表のように、1から10の数字であらわします。この本では、硬度が2〜3の間の場合、2⁺と表しています。

硬度を正確に調べるためには、この表にある鉱物で調べたい鉱物をこすってみるのがよいのですが、実際にはそんなに都合よく基準になる鉱物は手元にありません。ですから、代わりに身近なものを利用してみましょう。例えば人間の爪はだいたい硬度2⁺、くぎが5⁺です。くぎでひっかいてようやく傷が付くようなら、硬度が5前後ということになります。

または、小さなカッターナイフなどでこすって調べてみましょう。硬度が6以上の岩石や鉱物には、ナイフでは傷が付きにくくなります。長石の硬度が6、石英の硬度が7なので、ナイフで傷が付きにくければ、その岩石には石英や長石が多く含まれているということになります。

モース硬度の、数値の間の硬度の変化は比例していません。たとえば、硬度1と2の間の差は小さく、硬度9と10の間の差は大きいのです。また、鉱物によっては、結晶の方向によって硬度が異なることがあります。ガラスやナイフにもいろいろな材質のものがあって、その硬さにも幅があります。しかし、モース硬度計は、鉱物を同定するのに、とても簡便な方法です。

最近では人工物や新たな鉱物を加えて、15段階に分けた修正モース硬度も使われています。

モース硬度表（数字が大きくなるほど硬い）

	爪 2⁺		10円硬貨 3⁺	くぎ 4⁺ / ガラス 5
1	2	3	4	5
滑石（かっせき）	石膏（せっこう）	方解石（ほうかいせき）	蛍石（ほたるいし）	燐灰石（りんかいせき）

酸による反応

鉱物には、酸に溶ける性質のものがあります。方解石は炭酸カルシウムでできているため、酸と反応して溶け、気体（二酸化炭素）を出します。そのため、方解石を含む岩石に酸をつけると泡が出るので、見分けることができます。

塩酸などの酸がわかりやすいのですが、家庭では手に入らないので、食酢につけてみましょう。岩石全体から泡が出るものがあったら、その石には方解石がたくさん含まれていることになります。大理石や石灰岩には、方解石が多く含まれています。

貝がらや卵のからでも同じ効果があらわれる。

⊙ 塩酸を取り扱うときは十分注意する。

コラム

彷徨える石

アメリカ合衆国の国立公園・デスバレーでのことです。干上がった湖底にある石が、奇妙に動くという事件が起きました。大きいものでは数百 kgにも達するいくつもの石が、ときには数 kmにわたって移動しているというのです。動いているのを見た人が誰もおらず、1940年代から科学者を悩まし続けてきた謎でした。「動いた」という動かぬ証拠、すなわち痕跡があるため、この謎の現象に多くの説が出されてきました。最近になって、①適度の風速、②水たまりと厚い氷の存在、という気象条件がそろったときに、氷に押されて動くのが観察されました。明らかになったのはほんの数年前のことです。

ナイフ 5+	鋼鉄のやすり 7+			
6	7	8	9	10
正長石	石英	トパーズ（黄玉）	コランダム（鋼玉）	ダイヤモンド（金剛石）

おわりに

もう、ずいぶんと昔のことです。

研究用にある標本が必要になって探したところ、鉱物好きの教え子が、自分が持っているからと喜んで提供してくれることになりました。それを研究室まで持ってきて、「どうです。綺麗でしょう」と彼がいったのと、「ありがとう。これで分析できる」と私がいったのとが同時でした。

「いったい何の権利があって、この美しいものを切ったり貼ったりできるんですか?」と、さすがにそうはいいませんでしたが、そのときの彼の瞳と表情は、明らかにそう訴えていました。彼のその表情は、その後の私の人生でずっと重いトラウマになっています。

鉱石や鉱物の研究では、切ったり削ったり砕いたり粉にしたり、をよくやります。しかし、研究の名の下に、自然が長い時間をかけてつくり上げた美しいものを、易々と壊してもいいものなのでしょうか?

バランスのよく取れた、整った形の鉱物は確かに美しいものです。無色透明な、または均一な色を呈する艶やかな鉱物は見事なものです。また、均質に結晶が広がる、新鮮な火成岩も素晴らしいものです。

一方で、たいていの鉱物には、割れ目やヒビ、不純物が入っているものです。そして、たいていの岩石は、変形していたり、変質して汚れていたりして、見た目には美しくないものです。しかし、このような石がむしろ普通で、しかも多くを語ってくれます。不整や不完全性、変形・変質がこそが、彼らの多様性と個性、内面的な美しさを物語っているのです。

本書では、そんな鉱物や岩石の、個性的側面の一端を探ってみました。

自然がつくり上げた、多くのヒストリアを秘めた「石たち」への讃歌です。

謝辞

本書の刊行に際し、「ジーグレイプ株式会社」の青木紀子様には、懇切な編集のお力添えをいただきました。ここに、深甚なる謝意を申し述べます。

2018年3月1日　**円城寺 守**

岩石・鉱物が見られる博物館

北海道地方

北海道大学総合博物館
住所：北海道札幌市北区北10条西8
電話：011-706-2658

東北地方

秋田大学国際資源学研究科附属鉱業博物館
住所：秋田県秋田市手形字大沢28-2
電話：018-889-2461

山形県立博物館
住所：山形県山形市霞城町1-8（霞城公園内）
電話：023-645-1111

東北大学総合学術博物館
住所：宮城県仙台市青葉区荒巻青葉6-3
電話：022-795-6767

関東地方

ミュージアムパーク茨城県自然博物館
住所：茨城県坂東市大崎700
電話：0297-38-2000

産業技術総合研究所　地質標本館
住所：茨城県つくば市東1-1-1
電話：029-861-3750

埼玉県立自然の博物館
住所：埼玉県秩父郡長瀞町長瀞1417-1
電話：0494-66-0404（代表）

国立科学博物館
住所：東京都台東区上野公園7-20
電話：03-5777-8600

こども鉱物館
住所：東京都渋谷区神宮前2-30-4
電話：03-3405-7800

甲信越地方

ミュージアム鉱研　地球の宝石箱
住所：長野県塩尻市北小野4668
電話：0263-51-8111

フォッサマグナミュージアム
住所：新潟県糸魚川市一ノ宮1313（美山公園内）
電話：025-553-1880

東海地方

豊橋市地下資源館
住所：愛知県豊橋市大岩町字火打坂19-16
電話：0532-41-2833

ストーンミュージアム博石館
住所：岐阜県中津川市蛭川5263-7
電話：0573-45-2110

中津川市鉱物博物館
住所：岐阜県中津川市苗木639-15
電話：0573-67-2110

近畿地方

財団法人益富地学会館　石ふしぎ博物館
住所：京都府京都市上京区出水通り烏丸西入る
電話：075-441-3280

玄武洞ミュージアム
住所：兵庫県豊岡市赤石1362
電話：0796-23-3821

中国地方

倉敷市立自然史博物館
住所：岡山県倉敷市中央2-6-1
電話：086-425-6037

鳥取県立博物館
住所：鳥取県鳥取市東町2-124
電話：0857-26-8042

四国地方

香川県立五色台少年自然センター　自然科学展示室
住所：香川県高松市生島町423
電話：087-881-4428

愛媛県総合科学博物館
住所：愛媛県新居浜市大生院2133-2
電話：0897-40-4100

九州地方

九州大学総合研究博物館
住所：福岡県福岡市東区箱崎6-10-1
電話：092-642-4252

⊙ここに掲載してあるものは2018年2月現在の情報です。

さくいん

あ

か

さ

た

な

は

ま

や

ら

執筆

円城寺 守（えんじょうじ　まもる）

1943 年、旧満州国生まれ。
早稲田大学理工学部卒、東京教育大学大学院理学研究科修了、理学博士。
東京教育大学理学部助手、筑波大学地球科学系講師などを経て
1998 年より早稲田大学教育学部理学科教授。2014年定年退職。専門は鉱床地質学・鉱石鉱物学・環境科学。
著書に『地球環境システム』（編著／学文社）、『総合的な学習の時間』教材研究（共著・学文社）、
『こどものなぜ？』（共監修／偕成社）、『地球・環境・資源』（共著／共立出版）、
『よくわかる岩石・鉱物図鑑』（監修・執筆／実業之日本社）、
『地球進化 46億年の物語』（監訳／講談社）、『地球の教室』（監修／三才ブックス）など。

編集協力

ジーグレイプ株式会社

デザイン・DTP

桜井雄一郎

デザイン・DTP 協力

大河原 哲

写真

円城寺守

イラスト・図版

鶴崎いづみ、片庭 稔、下田麻美

装丁

柿沼みさと

写真協力

木藤富士夫、フォトライブラリー、ペイレスイメージズ、
PPS 通信社、ゲッティイメージズ、
独立行政法人産業技術総合研究所、
株式会社扇誉亭、プラニー商会

［参考文献］

『よくわかる岩石・鉱物図鑑』円城寺守監修（実業之日本社）、『地球の教室』円城寺守監修（三才ブックス）、
『地球進化46億年の物語』円城寺守監訳（講談社）、『MINERALOGY 2nd. Ed.』Dexter Perkins（Pearson Prentice Hall）、
『GEOLOGY 4th. Ed.』Chernicoff & Whintney（Pearson Prentice Hall）、
『EARTH 10th Ed.』Tarbuck & Lutgens（Pearson Prentice Hall）、『理科年表（平成30年版）』東京天文台編（丸善出版）、
『岩石学 I』都城秋穂・久城育夫（共立出版）、『地球はなぜ「水の惑星」なのか』唐戸俊一郎（講談社）、
『地下資源の科学』西川有司（日刊工業新聞社）、『地球の科学』佐藤暢（北樹出版）、『広辞苑（第七版）』新村出編（岩波書店）

大人のフィールド図鑑
自分で探せる 美しい石
図鑑&採集ガイド

2018年4月9日 初版第1刷発行
2023年5月31日 初版第4刷発行

著 者 円城寺 守
発行者 岩野裕一
発行所 株式会社 実業之日本社
〒107-0062 東京都港区南青山6-6-22
emergence 2
電話(編集)03-6809-0452
電話(販売)03-6809-0495
https://www.j-n.co.jp/

印刷・製本 大日本印刷 株式会社

ISBN 978-4-408-33775-3(第一趣味)